最新のビデオ・トラッキング
飛翔体の観測に革新的な撮影システム

ビデオ・トラッカー

IMAGO社のビデオ・トラッカーは飛翔体、航空機、落下物、ゴルフボール等を最新の画像入力・処理技術によりテレビカメラで捕捉し、リアルタイムにカメラ運台を連動させ画像記録、弾道計測を行う最新のコンパクトモバイルトラッカーです。
専用雲台にはカメラを2台以上搭載可能で高速度カメラや赤外線カメラも搭載でき、開翼運動、子弾放出などの飛翔過程の挙動の記録、弾着までの画像取得が行えます。また、2台撮影による3次元計測も可能です。

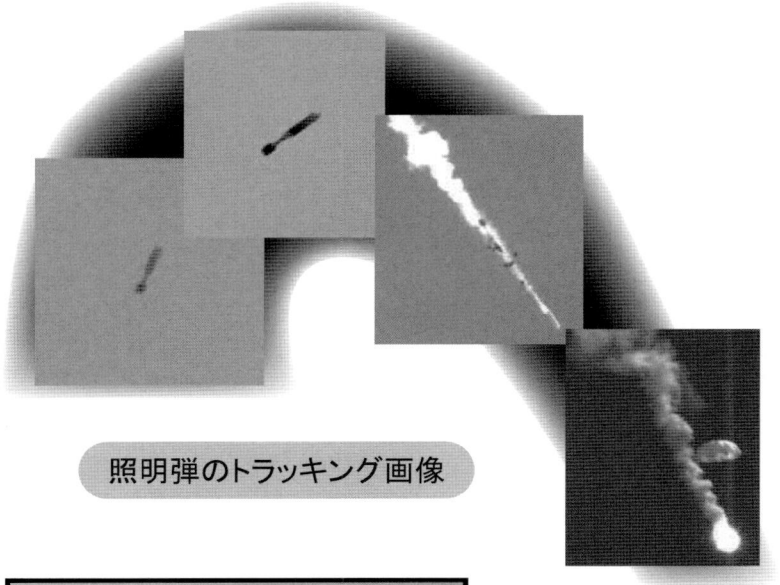

照明弾のトラッキング画像

主な用途
- 航空機追跡
- ミサイル追跡
- 追撃砲追跡
- 軌道測定
- 航空計器検証
- EUV
- 着地システム
- EO対策 − 評価／刺激
- ミサイル評価
- 武器命中率計算／爆弾投下
- ミス・ディスタンス
- ゴルフ、球技等

各種試験の撮影計測請負いたします
高速度カメラの撮影作業は実績のノビテックにお任せください。

日本総代理店
Nobby Tech. Ltd.
株式会社ノビテック
〒150-0013　東京都渋谷区恵比寿1-18-18　東急不動産恵比寿ビル7F
TEL: 03-3443-2633　FAX: 03-3443-2660
E-mail: sales@nobby-tech.co.jp　URL: http://www.nobby-tech.co.jp

AUV（自律航行）／ROV（有線操縦）／DPV（ダイバー操縦）
全ての機能を1台に搭載　最新鋭水中捜索ロボット

 **FUSION**

AUV

ROV

DPV

- ●イメージングソナー、サイドスキャンソナー、DVLソナー標準装備
- ●φ3mm以下のROVケーブル（最大長2000m）
- ●浅海域へ展開可能な多スラスター駆動
- ●小型ボートへ容易に搭載可能なシステム
- ●低音、低磁性

日本海洋株式会社

＜本社営業部＞　〒120-0003　東京都足立区東和5-13-4
電話　03-5613-8903　FAX　03-5613-8210

EW

産学

衛星

関連でお探しの海外製品は、
35年以上の経験と実績を持つ、
当社におまかせください。

お問い合わせは、当社営業部あてにお願いいたします。

綜合電子株式会社　フリーダイヤル：0120-095-442
URL：http://www.sogoel.co.jp　TEL：042-337-4411(代)

赤外線の分光計測
SWIR MWIR LWIR
防衛産業で数多く使われています

 航空機

 空

 船

 炎

 車両

 地表

水面

分光放射計測装置
SR5000N

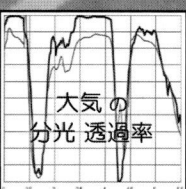
燃焼物の分光放射強度

大気の分光透過率

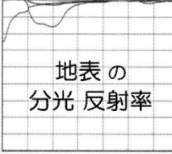
地表の分光反射率

機体／船舶
固定翼
回転翼
車両
船
ミサイル
ロケットモータ
ジェットエンジン
IRサプレッサ
フレア
煙幕
炎
太陽光クラッタ

夜間監視、FLIR、IRST、ミサイルシーカ、MWSなど防衛装備品では非常に多くの赤外線センサが用いられています

対象物からの赤外放射は波長によって大きく異なりますISTAR能力の向上のためセンサの多波長化が進んでいます

分光放射測定装置 SR5000N を用いた実測の赤外線の分光測定データはこれまでよりも一段と効果的な運用や最先端の研究開発をサポートします

株式会社アイ・アール・システム

〒206-0041　東京都多摩市愛宕 4-6-20
TEL：042-400-0373　　FAX：042-400-0374
office@irsystem.com　　www.irsystem.com

本誌に連載の「兵器の起源」が単行本になりました

戦車は ミサイルは いつ、どのようにして生まれたのか!?

防衛技術ジャーナル編集部 編

●A5判 ●184頁 ●定価（本体1,900円＋税）

戦車やミサイル等の兵器がいつ、どのようにして生まれたのかについて思いを巡らされたことがありませんか？　大昔から考えられていたものが、技術の発展に伴い実用化、高性能化されたものから、先端的な技術からアイデアを得て実現されたもの等、兵器の起源は様々ですが、いずれも大変示唆に富んでいると考えています。本書では各分野の専門家が、どのようにして兵器が生まれたかを分かりやすく説明を試みており、読者の皆様の参考になれば幸いです。

（まえがき より）

一般財団法人　防衛技術協会

〒113-0033　東京都文京区本郷3-23-14　ショウエイビル9F　TEL 03(5941)7620　FAX 03(5941)7651
http://www.defense-tech.or.jp

SAT通販出張版　ご愛読10周年記念大サービス企画!!

Strike And Tactical ストライク アンド タクティカルマガジン

年間購読 5+1 サービス
年間購読（6冊）で1冊分無料（タダ）！
−17% OFF
しかも送料ナシでご自宅にお届け

10,368円が、8,640円!

向う6冊の最新号が5冊分の料金で直接ご自宅に届きます。もちろん送料弊社負担。
※発送には数日掛かることがあります。

年々、書店が減っているというニュースをご存じでしょうか？インターネットの台頭により紙媒体の衰退が原因といわれています。町にあった古くからの書店がなくなり、『隣町の大型チェーン店に行くしかなくなった』とお困りの方もいらっしゃるでしょう。さらに『発売日だけど、天気が……仕事が……』という方も多いはずです。そこで、業界としては初の試みで、SAT通信で年間購読契約していただいたお客さまには、年間6冊分を5冊分の料金（−17％）にして、さらに送料は弊社負担にいたします。8,640円のお申し込みで毎号（6冊）届くのです。これなら最新号を買い忘れることなく、さらにご自宅に届くわけです。編集部が配本日に直接発送いたしますので、ほぼ発売日までには投函される予定です（地域によっては遅れる場合もあります）。これらお得な「SAT通販　パック・サービス」を最大限にご利用くださいますようお願いいたします。

お申込み方法

SATマガジン公式ホームページから、「SAT通販」のバナーをクリック、応募フォームから送信していただくか、直接メールにてご購入できます。メールアドレスはsat_magazine@yafoo.co.jpまたは電話・FAX・郵便でもお受けできます。是非、このチャンスをお見逃しなく！

SATマガジン公式ホームページ >>>> http://www.sat-mag.net/

(株)SATマガジン出版 ストライク アンド タクティカルマガジン編集部
〒101-0051　東京都千代田区神田神保町1-58-1　第2石合ビル301号室　Tel:03-3294-1372・4　Fax:03-3296-0650

WWII 日本海軍機オールカタログ

零戦＆一式陸攻／海軍機系譜図

折り込みカラーイラスト

1月16日発売！

丸 MARU 2月別冊

予価2160円（税込）

雑誌コード 08308-02

●輸入水上機から始まった海軍航空機は第一次大戦後には国産機の自立開発へと発達し、第二次世界大戦期には零戦をはじめ多くの傑作機が大空へと羽ばたいた。

カラー
現存日本海軍機アルバム
海底の日本海軍機
米軍ガンカメラ映像
十二試艦戦実物大模型

モノクロ
ゼロファイター写真集
米軍フォトライブラリー

本文
帝国海軍軍用機総論
海軍機オールガイド
海軍航空隊かく戦えり
海軍機パワープラント
搭載ウエポンガイド
こがしゅうとの海軍機イラスト

〒100-8077　東京都千代田区大手町1-7-2　潮書房光人新社　TEL 03-6281-9891　http://www.kojinsha.co.jp

世界の艦船 増刊案内

海人社　〒162-0814 東京都新宿区新小川町 1-14
Tel.03-3268-6351/Fax.03-3268-6354　郵便振替00140-0-37504
ホームページ・アドレス http://www.ships-net.co.jp

＊ホームページから直接お申込みできます。www.ships-net.co.jp

最新刊！　発売中
アメリカ海軍 2018

通巻第873集／定価2600円（税8％込）送料200円

世界最大，最強の陣容を擁するアメリカ海軍の最新情報を一冊に収めた増刊の最新版！ カラー頁では現役にある戦闘艦艇と作戦機全タイプに加え，主要な補助艦艇と艦載兵器を詳細な解説を付して収録。本文頁ではトランプ政権下における海軍の現況と将来をハード，ソフトの両面から分析した。また旗，階級章，制服，組織など各種資料の充実も図った。

B5判176頁（カラー144頁・本文32頁）

=== 好評の増刊！　発売中 ===

日本海軍護衛艦艇史

通巻第871集／定価2300円（税8％込）送料200円

日本海軍が海上護衛に投入した海防艦，掃海艇，駆潜艇など6艦種，48タイプを網羅し，それぞれタイプ解説と要目，全艦艇の詳細な艦歴を付した。平成8年に刊行された増刊のリニューアル版で，収録写真を極力新しいものに入れ替え，本文は構成を全面的に改めた。わが国の生命線である海上交通路の防衛に挺身したフネブネの全貌を知りうる貴重な一冊である。

B5判172頁（写真頁136頁・本文32頁・折込1葉）

海上自衛隊全艦艇史

通巻第869集／定価3200円（税8％込）送料200円

昭和27年から平成29年まで，65年に及ぶ海上自衛隊の艦艇史を一冊に収めた，自衛艦ファン必読の増刊！ 平成16年に刊行され，好評のうちに完売した増刊の完全リニューアル版で，海上自衛隊の草創期から現在に至る艦艇全タイプを時系列に網羅する編集方針はそのままに，旧版発売後に登場の新型艦を加えて大幅に増頁した。

B5判294頁（カラー16頁・写真頁224頁・本文48頁・折込1葉）

月刊 PANZER（パンツァー）

世界の戦車、装甲車輌などの各種車輌、大砲、ミサイルなどのメカニズムをわかりやすく写真、図面、イラストなどで解説し、また、戦記、戦史をも掲載した月刊誌です。
B5判・120ページ・定価1850円（税込）送料サービス

＜年間予約購読のおすすめ＞
年間予約購読をされますと
1冊1,850円×12冊＝22,200円：送料1,416円のところ、割引価格21,000円（税込）：送料無料でお申込み頂けます。

月刊 PANZER 臨時増刊

陸上自衛隊の戦車　シャーマンから10式まで

戦後、自衛隊が開発した61式から10式戦車の開発経緯、構造、機能、操縦法、戦闘システムなどを写真、イラスト、4図面で解説。

B5判・150ページ・定価3086円（税込）・送料サービス

陸上自衛隊の車輌60年

創成期の陸上自衛隊の解説から、現在までの装備車輌をカラー写真で紹介。また歴代の各装備車輌を鮮明なカラー写真を交えながら詳しく解説。さらに、火砲等、装備火器の一覧と解説も掲載。

B5判・106ページ・定価2700円（税込）・送料サービス

WAR MACHINE REPORT No.50
陸上自衛隊の戦車部隊 ― その歴史と現状

陸上自衛隊の歴代の装備戦車を豊富なカラー写真で解説。さらに各戦車部隊のマーキングや戦車服、カスタマイズされた戦車のディテール、本文としては機甲科隊員の日常を活写したエッセイと全戦車部隊の歴史を収録。

B5判・122ページ・定価2700円（税込）・送料サービス

シール付録付シリーズ

陸上自衛隊の車輌と装備 2016-2017

付録：陸自各部隊のエンブレムシール

陸上自衛隊現用の全車輌と主要装備を網羅した総集版。写真、記事、データ表で構成した陸自ファン座右の参考書。
B5判・144ページ
定価3000円（税込）・送料サービス

陸上自衛隊の戦闘車輌 1950-2015

付録：陸上自衛隊部隊マークのシール

陸上自衛隊誕生より現在までの、主要車輌を多数の貴重な写真で紹介し、その概要を解説した陸上自衛隊全ての戦闘車輌写真集。
B5判・132ページ
定価2800円（税込）・送料サービス

株式会社 アルゴノート
〒162-0814 東京都新宿区新小川町4-18 レッツ飯田橋201
TEL.03-5225-6995　FAX.03-5225-6996　郵便振替 00130-9-99963
ご注文は書店または直接当社までお申込みください。

好評発売中！
火器弾薬技術ハンドブック
〈2012年改訂版〉

弾道学研究会編
防衛技術協会刊行
● A5判　● 1,200頁
● 本体8,000円＋税、送料別

戦後わが国の火器弾薬の専門知識を集約した唯一の資料「火器弾薬技術ハンドブック」は、刊行後13年目の2003年には弾道学研究会が中心となって、当時の最新の技術を網羅した改訂版が刊行されました。本ハンドブックは表紙の色から赤本と呼ばれ各方面で親しく利用されてまいりました。その後火器弾薬分野においては革新的な技術が出現すると共に取り巻く環境も大きく変化してきており、各方面から最新の技術に基づく改訂を待望する声が聞こえてくるようになりました。そこでこの度弾道学研究会が中心となり改訂版作成事業が企画立案され、第一線で活躍されている方々の手により、2012年度改訂版が執筆編集されました。最新の技術を網羅し、かつ、より読みやすいハンドブックとなるよう構成・内容を見直しました。この2012年度改訂版は火器弾薬分野の研究開発や教育の現場で必須の書となるでしょう。

内容目次

第1編　弾道学
1. 概説
2. 砲内弾道
3. 過渡弾道
4. 砲外弾道
5. 終末弾道
6. 統計的評価法

第2編　弾薬類
1. 概説
2. 火薬類
3. 弾薬
4. 信管
5. 弾薬を取り巻く環境の変化

第3編　ロケット弾
1. 概説
2. ロケット弾技術
3. ロケット弾の設計
4. ロケット弾の動向

第4編　火器
1. 概説
2. 小火器
3. 火砲
4. 射撃統制等

第5編　試験および評価
1. 概説
2. 試験
3. 計測
4. 評価

御注文方法：申込書に必要事項をご記入のうえFAXでお申し込み下さい。（その際請求書を同封致します。）
また、防衛技術協会のホームページでもお申し込みが可能です。
FAX：03－5941－7651　http://www.defense-tech.or.jp

一般財団法人　防衛技術協会
〒113-0033　東京都文京区本郷3-23-14　ショウエイビル9F　TEL 03(5941)7620　FAX 03(5941)7651

------- 切り取り線 -------

申　込　書　　年　月　日

書　　名	火器弾薬技術ハンドブック（2012年改訂版）	冊数	
申込者	氏名、（機関名、社名、所属等）		
	住　　所	〒	
担当者	所　　属	電話　　（　　）	氏名
発送先	宛　　先		
	住　　所	〒	
備　　考			

注：個人で申し込まれる方で、自衛隊員及び防衛技術ジャーナル講読会員（法人が加入されている企業の職員等も含む。）の方は備考欄に機関名、社名、所属等をご記入下さい。

家庭から宇宙まで、エコチェンジ。

毎日を見守るために、小型・高機能を極めて。

- 遠距離からの高分解能・広域観測
- 昼夜・天候を問わず観測可能
- 機上でリアルタイムに画像確認
- その他多様な応用力
  （3Dマップ作成、微小変化の抽出、移動目標の抽出等）
- 容易に搭載可能な小型ポッド形状

航空機用小型SAR※システム

※SAR：Synthetic Aperture Radar 航空機や人工衛星に搭載し移動させることにより、大直径（仮想）で機能するレーダー。

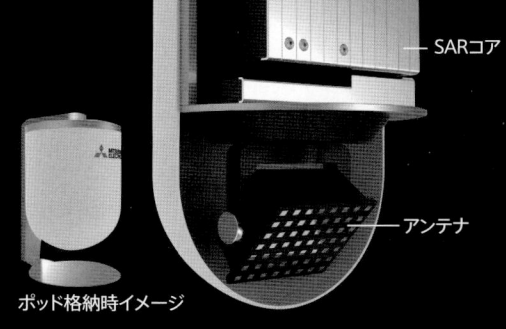

ポッド格納時イメージ / SARコア / アンテナ

お問い合わせ先　三菱電機株式会社　電子事業部　TEL：03-3218-3386

〒100-8310 東京都千代田区丸の内二丁目7番3号（東京ビル）

www.MitsubishiElectric.co.jp

三菱電機株式会社

防衛技術ジャーナル

1 2018 January Vol.38 / No.1

CONTENTS

オピニオン

- ② 新春EXCELLENT TALK
  防衛装備庁の更なる充実めざして　　　防衛装備庁長官　鈴木　良

- ㊺ 技術者の散歩道
  人類の夢、有人ソーラープレーンの系譜　　　中村

解説

- ④ 技術総説
  ストリームコンピューティング　　　竹之上典

- 52 世界の注目技術
  IoT（モノのインターネット）技術を探る（前篇）　　　戸梶

連載

- ⑬ 電磁パルスの脅威 ─ その技術と効果
  第2回「核爆発による電磁パルス～E1-HEMPについて」　　　山根

- 33 雑学！ミリテク広場
  北朝鮮の電磁パルス攻撃と超EMP兵器　　　文責／本誌編集

歴史

- 26 防衛技術アーカイブス
  艦船における冷凍空調史　　　神戸　雅

研究

- 20 INTERVIEW　民生有望技術 ─ 日本は何を？
  自販機と電子看板の融合から生まれた未来型ネットワーク
  システムの夢　　　株式会社ブイシンク　井部　孝也
  　　　　　　　　　　　（聞き手・本誌編集部

- 38 研究ノート
  排熱利用による熱電変換システムの研究　　　和田　英男／芳賀　将

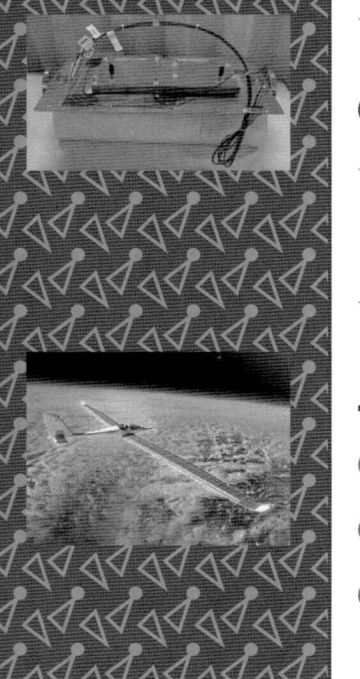

- ❶ 2018 NEWYEAR TALK
  　　　　　　　　　　　高岡　力

- 59 VOICE
  　　　　　前田　丈典／小峯　隆生

- 62 DTJニュース
  「防衛技術協会主催『国際装備品展示会説明会』を開催」

- 64 英文目次
- 裏 編集後記／表紙説明／次号予定

※連載の「新・防衛技術基礎講座」および「電子戦術の最先端」「複雑系科学の視点からヘリコプターを再考する！」は都合によりお休みします。

2018 NEWYEAR TALK

一般財団法人 防衛技術協会 理事長
高岡　力

　読者の皆様、昨年は本誌をフルカラー化して、多数の皆様から好評を頂きました。本年も更なる内容の充実を図ってまいりますので、引き続いてのご愛顧をお願い致します。

　さて、昨年もさまざまな事件が発生し、世界情勢が移り変わってきました。日本の安全保障の観点から挙げますと、米国の新大統領の"アメリカfirst"路線、中国の習近平主席の軍事強国路線、北朝鮮の核と弾道弾による恫喝、が特に印象が強かった事象でした。今まで通りの"世界の警察アメリカ"による安全保障が日本にとって安心なのは論を待ちません。しかし、それに頼り切りで将来とも問題ないのかとの議論も出てまいりました。徐々に自立性を高めるとしても、選択肢と方向性はさまざまであります。コンセンサスの得られそうな方向はあるのか？　できることから始めるとすると、唐突ですが、核攻撃に対する民間の防災対応になると思います。Ｊアラートで「丈夫な建物に避難してください」から「何々地区に何時何分に着弾します、指定の場所に避難して下さい」となれば、国民の意識も大きく変わることになりましょう。福島原発事故は津波による全電源喪失という"あってはならない事態"に対する思考訓練がなされてなかったことが原因といわれます。"核攻撃などあってはならない"のですが、もしあったらどうするか、を常日頃から考え備える、という国民性を育むことができれば、安全保障に関する議論も地に足が着いてくるでしょう。

　安全保障に関係する防衛技術について心配なのは、ロボット化、無人化の点です。国境防衛の第一陣が無人の機械であれば、不法侵入されても人命が関わらないので、戦争を招かずに断固とした対応が可能となりましょう。個々の無人化装備の導入や技術の開発は国内外の各所でなされており、技術が劣後する心配はあまりないと思います。

　しかし、それが全体装備の中である程度の勢力を占めるには、緊縮予算の中で大変な時間がかかることになると思います。米国は中東での対ゲリラ戦闘の中でUAVによる監視、攻撃を行い、無人化の利点を実証し、無人化戦闘力の構築で世界の先頭を走っています。中国もすぐ後に続いています。わが国が早急に無人化を進めるには、前線での戦闘を無人で行うことを前提とする部隊を創建することと思います。空と陸と海あるいは統合任務部隊の中に無人化〇〇隊を創り、イニアチブを与え、無人機器運転、通信、制御、法制の整備、実地運用訓練を進めることが初めの一歩と思います。今、日本ではロボットでの廃炉が大きな課題ですが、それ以外にも津波の行方不明者の海中捜索、立て籠もり凶悪犯の逮捕等、無人化すれば大きな利点が出る課題が多くあります。組織の器を揃えるという仕事の進め方が、実戦経験の得難い分野での一歩を踏み出すために必要です。

　装備技術移転については国内外の各種展示会に装備庁、企業が参加、出展する動きが活発になってまいりました。当協会も展示設営、国際交流で装備庁のお手伝いをしてきました（本号DTJニュース参照）。今年も活発に活動する心算です。また展示会等での初期商談の進め方と貿易管理のあり方の問題について、悩んでいる企業の方々とともに考え、国への提案をしていきたいと思います。簡単ではありませんが、少しでも装備技術移転に貢献できれば幸いです。

　今年も平穏でありますよう、また国の安全保障と防衛技術の基盤が更に更に確固たるものになるよう、お祈りをして新年のご挨拶と致します。

新春 EXCELLENT TALK

防衛装備庁の更なる充実めざして

防衛装備庁長官　鈴木　良之

　防衛技術ジャーナルの読者の皆様、新年明けましておめでとうございます。

　防衛装備庁は今年で設立3年目を迎えますが、北朝鮮が累次の弾道ミサイル発射、核実験を繰り返し、核・弾道ミサイル開発の継続意思を国際社会に示すなど、わが国を取り巻く安全保障環境は一層厳しさを増しています。そのような中、防衛装備庁への内外からの期待と注目は非常に大きいものがあり、防衛装備庁の基本方針である四つの政策的課題、すなわち①「一歩先んじた技術力の保持、『技術的優越』の確保」②「プロジェクト管理を通じた最適な取得、『取得改革』の推進」③「諸外国との防衛装備・技術協力の推進」および④「防衛生産・技術基盤の強化」について、より一層推進していく必要があると考えております。この場をお借りして、これら四つの方針の最近の取組状況について簡単にご紹介させて頂きたいと思います。

　まず、わが国の技術的優越の確保について、平成28年8月に、自らの技術政策の方向性を「防衛技術戦略」として明確化しました。中でも、今後、研究開発を効果的・効率的に実施していく上で、防衛技術にも応用可能な先進的な民生技術、いわゆるデュアル・ユース技術の活用が重要となっています。このため、3～5年程度の短期間で防衛装備品への実用化を図る取組や、防衛分野での将来における研究開発に資することを期待し、先進的な民生技術についての基礎研究を公募・委託する安全保障技術研究推進制度を着実に実施していくことで、民生技術を積極的に取り入れていきたいと考えています。

　次に、取得改革の推進について、平成27年11月に12のプロジェクト管理重点対象装備品等を選定していましたが、昨年4月に、新たに29年度型潜水艦を加えるとともに、新艦対空誘導弾等三つの準重点管理対象装備品等を選定し、プロジェクト管理対象装備品の拡大を図っているところです。今後は、プロジェクト管理の推進・強化のため、プロ

ジェクトの進捗状況を可視化するための管理手法の導入やプロジェクト管理に携わる人材の育成などに努めるとともに、装備品のファミリー化などの取得コストの低減に向けた取組を検討するなど、ライフサイクル全体を通じた効果的・効率的な装備品の取得を推進してまいります。

　第三に、諸外国との防衛装備・技術協力の推進について、海洋安全保障分野におけるわが国とフィリピンの連携強化の必要性から、昨年3月に、同国に対し、海上自衛隊練習機TC-90　2機の有償貸付を実施しました。さらに、昨年の通常国会で不用装備品等の無償譲渡等を可能とする改正自衛隊法（第116条の3）が成立し、フィリピン国防省からの無償譲渡の申出があったことを踏まえ、昨年10月、TC-90　5機の移転について、有償貸付を無償譲渡に変更することを両国の防衛大臣間で合意しました。TC-90の移転は、単に装備品を移転するだけでなく、パイロット教育や維持整備分野における支援を含めたパッケージでの協力を行うことが特徴です。

　また防衛装備庁では、具体的な案件形成を推進するための環境整備にも取り組んでおり、例えば、さまざまなレベルでの政府間協議に加え、昨年は、防衛装備庁として国際展示会に6回出展し、わが国の防衛装備に関する施策や高い技術力について効果的な情報発信を行いました。このうち、パリエアショーではP-1を、ドバイエアショーではC-2をそれぞれ派遣しており、わが国が開発した優れた防衛装備品について、世界各国から理解を深めてもらう貴重な機会になったと考えています。さらに、昨年は新しい取組として、二国の官民が一堂に会し、制度や体制について共通の理解のもとに協力を進展させるべく、インドネシア、インドおよびベトナムとの間で官民防衛産業フォーラムを開催しました。本年も、こうした防衛装備・技術協力に関する取組をさらに積極的に推進してまいる所存です。

　最後に、わが国の防衛生産・技術基盤の強化についてですが、防衛装備品の高性能化に伴い調達単価の上昇および維持・整備経費が増大傾向にあるとともに、外国製装備品の輸入も増加傾向にあり、下請け企業を含む国内の防衛生産・技術基盤への影響が懸念されています。防衛装備庁としては、こうした状況を十分に踏まえ、長期契約を活用した装備品等の一括調達等による企業の予見可能性向上に取り組むとともに、防衛産業のサプライチェーンの可視化およびリスクへの対応、中小企業等の優れた技術力の発掘・活用等により、防衛生産・技術基盤の維持・強化に取り組んでおり、引き続き、こうした施策を着実に実施していきたいと考えております。

　新年早々、いささか堅苦しい取組のご紹介となってしまいましたが、本年も、防衛装備行政がさらに充実したものとなるよう全力を尽くしてまいりますところ、引き続き、防衛省・自衛隊の活動へのご理解とご協力をよろしくお願いいたします。

技術総説

ストリームコンピューティング

株式会社富士通システム統合研究所　主席研究員

竹之上　典昭

1. はじめに

コンピュータの歴史は、高速計算、大量のデータ処理、人との融和を追及する歴史であった。特に当初の目的は弾道計算に代表される高速精密な計算機能の実現であった。その最先端を走ってきたのが「スーパーコンピュータ（以後、スパコンと呼称）」である。スパコンは、世界最初の並列処理コンピュータ「ILLIAC Ⅳ（米）」から始まり「Cray-2（米）」「地球シミュレータ（日本）」「京（日本）」そして LINPAC の計測で現在、世界最速といわれる「神威太湖之光（中国）[1]」へ発展してきている。

そして、現在では「ビッグデータの活用」が叫ばれ、それを実現するためのデータ発生源として各種センサのネットワーキングが始まっている。いわゆる「IoT：Internet of Things」と一体化したビッグデータ処理への展開が始まっている。

では、大量のデータ処理や高度な計算能力をもつスパコンは、この IoT 時代に対応できているのだろうか。現在のスパコンは、発展の経緯から時々刻々発生する大量のデータをリアルタイムで処理し、社会へあるいはユーザーへフィードバックする機能はあまり整備されていない。

この状況を改善できる技術が「ストリームコンピューティング」である。ここでは、スパコンの処理の形態を振り返りつつ、実用化への道をたどり始めたストリームコンピューティングについて解説する。

2. 並列処理方式の変遷

コンピュータの発達の経緯は図1に示すように、高速処理のための並列処理方式の発達の歴史であった。図1の①～⑤へと、方式は発達し最終的に⑤の方式が初期のスパコンとなる。

この方式こそが実用的なスパコンとして一世を風靡した Cray 社に代表されるベクトルマシンである。当時、日本を代表するスパコンメーカーである NEC、日立、富士通のスパコンもすべてベクトルマシンであり、世界中のスパコンはすべてベクトルマシンであった。

ベクトルマシンとは、どのようなコンピュータであったのか。それは図1の⑤がその構造をよく表している。このタイプのスパコンは、大量のメモリを持ち、多くの要素を並べて一気に計算する行列（ベクトル）を処理できる「行列計算マシン」であった。

そのため、主力言語は Fortran であった。数値計算の得意な Fortran は行列式を軽易に表現でき、その計算を記述する能力においては最も優れた言語である。従って、この当時のプログラムはそのほとんどが Fortran による行列

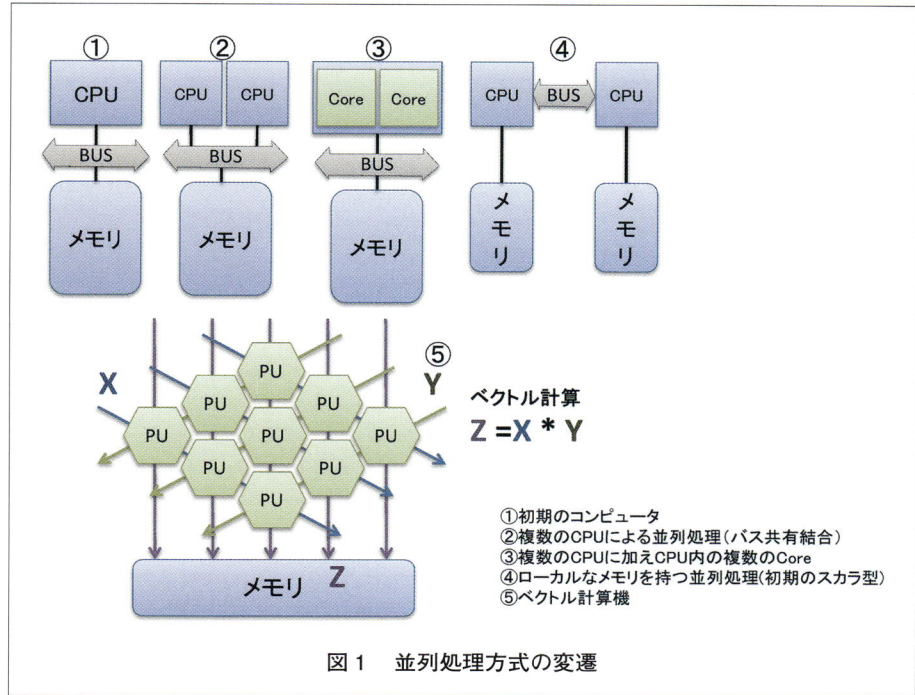

図1　並列処理方式の変遷

計算であった。これにより、科学技術計算の多くの分野で活用された。弾道解析、気象予報、材料工学、航空機力学、経済学等々、その応用分野は広い。

ただし、このベクトルマシンにも欠点があった。それは処理プログラム全体をコントロールするためのホストコンピュータをこのベクトルマシンに併設して置かなければならなかったことである。プログラムにはベクトルには不向きな部分が多くあり全体からみると、スパコンは大量の行列計算部分を高速に処理するための付加的なコンピュータという位置づけであった。

3. スパコンの処理方式の変化

初期のスパコン（ベクトル型）の処理方式を別の言い方で表すと図2の左側にあるSIMD（Single Instruction Multiple Data）である。この方式は同一の命令（「インストラクション」という）を多数のPU（演算ユニット）で同時にデータを処理する方式である。図2のSIMDを多数並べ、配列計算をできるようにしたものがベクトル型（図1の⑤）であることが容易に分かるであろう。この方式では、先ほど述べたようにベクトル化できないところを補い全体を制御するコンピュータが別途必要になる。

実際の計算の手順を考えると、次第に同一のインストラクションではなく複数のインストラクションで多数の個別データを処理できる方式が望まれるようになった。

これが図2の右側にあるMIMD（Multi Instruction Multiple Data）である。MIMDは、図1の⑤で別のインストラクションを与えるとMIMDになる。この方式の代表例が、Thinking Machine社の「Connection Machine」[2]である。MIMDは、図1の①〜④の方式でも実現でき、現在ではスカラー型といわれている。

スカラー型スパコンの発達の歴史は、並列処理の処理方式出現の逆順をなぞっているということができるかもしれない。

スカラー型の初期版はPCクラスタと呼ばれ図1の①〜③がそれにあたる。現在のスパコンはHPC（High Performance Computer）とも呼ばれ、PUは強力なネットワークによって結合されており、図1の④に分類される。特に、大量のPUを結合するとそのネットワークの構造は複雑になってくる。現在、世界のトップを争っている大量のネットワークを有するHPCをネットワーク型スパコンと呼ぶこととする。

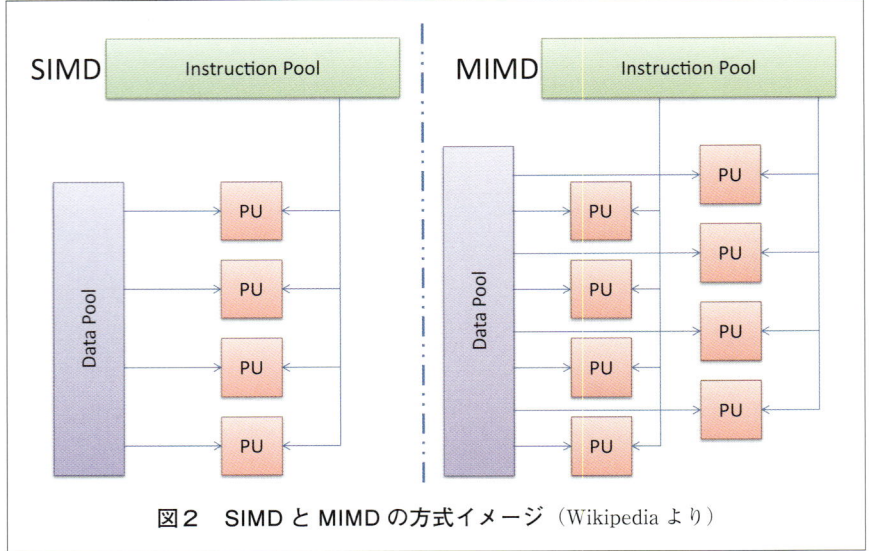

図2 SIMDとMIMDの方式イメージ（Wikipediaより）

4．ネットワーク型スパコンの処理方式

ネットワーク型のネットワーク構造の一例をスパコン「京」を例として説明する。京は一般的には6次元のネットワークと説明されている[3]。しかし、図3が示すようにその細部を分解すると多くのノード（ここでは図3の右図に示す群内に12個のノードをもつ）を大局的に結ぶ3次元トーラス（図3の左図）といわれる三つのポートで構成されたネットワークと筐体内やボード間を結ぶインターコネクション（図3の右図でノード内を太い線で結ぶ結合）の3次元ネットワークから構成されており、ノード間のネットワーク距離を均等に短くする[i]ことに貢献している。それを示したのが図3である。

3次元トーラスを採用しているスパコンとしては、IBMのブルージーンも同様の構成をしているが、インターコネクションの部分が2分木構造[ii]になっておりアプリケーションの初期データの導入や計算終了後のデータの引き出しが便利になっていると思われる。

図3のネットワークモデルをみて気が付くことは、データを高速に移動させるネットワークが外部に対してないことである。つまり、特別な環境で高速処理をしていれば良かったスパコンも、時代の要求とともに普通のコンピュータのような使い勝手にしようと改善されてきたわけであるが、相変わらず外界との連携を断ち、内部で高速に処理することに専念したものになっていることが窺われる。

ii) 2分木構造：1入力、2出力で構成されるノードが連なった構造

i) ネットワーク距離：ノードからノードへの移動を測る尺度であり、並列処理の場合、並列化した処理をどこに配置しても処理の結合の時間を均等に短くすることで、プログラムの書きやすさに貢献している

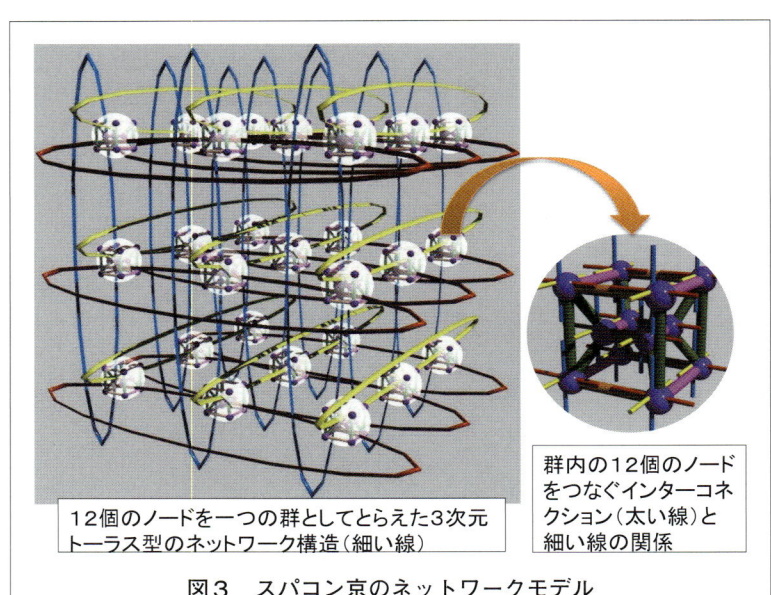

12個のノードを一つの群としてとらえた3次元トーラス型のネットワーク構造（細い線）

群内の12個のノードをつなぐインターコネクション（太い線）と細い線の関係

図3 スパコン京のネットワークモデル

5. ネットワーク型スパコンの ボトルネックからの脱却

現在のスパコンは、そのほとんどが図4の並列処理モデルに従って実際の計算している。

(1) 前処理、後処理が必要

スパコンがその処理性能を発揮するためには、並列処理に適したプログラムの配置とそのプログラムに対して計算のためのデータを配置することが必要である。プログラムとデータが並列処理を実施するコンピュータの個別のノードに正しく配置[iii]されて、初めてスパコンはその性能を発揮できる。

このような前処理が必要である。この後、実際の並列処理が始まる。世界のベンチマーク処理の速度はこの並列処理部の処理性能を競っている。

最後に、並列処理で実施した計算が終わるとその結果であるデータを表示等に使用するために並列処理部の各コンピュータからかき集めて出力することが必要であり、これによって初めて計算結果が分かる。

つまり、現実世界のデータを実時間で処理するためには、このデータ入力部とデータ出力部の処理がボトルネックとなっている。

(2) 実世界との連携のために、エクサスケールスパコンの挑戦（Post 京）

近年ではこの実世界との連携を模索したシステムの在り方としてCPS（Cyber Physical System）[iv]とかIoT連携としてのシステムの在り方が模索されている。この動きはスパコンの世界でも起きており、次世代のスパコンとされる「エクサスケールのスパコン」、いわゆる「Post 京」の開発状況が2016年3月の情報処理学会　第78回全国大会において理化学研究所の石川から発表があった[4]。その中で最も特徴的な機能が「実環境のデータ取り込みとの融合」であった。

Post 京では、30秒ごとにレーダのデータが到着し、次の30秒でシミュレーションを実施し、次の30秒で計算結果の出力と、新たなデータの取り込みが行われる。このループを繰り返すことで実時間での気象予報を実施できることを目指すそうである。

並列処理モデルとしては、図4のモデルがまだ生きておりこの三つの機能が独立で高速に機能するようにしたものであるといえる。

6. 現実世界の問題への挑戦 （データフローモデルの再考）

現実世界の問題をリアルタイムで解決するためには、現実世界のセンサからのデータを蓄積することなく取り込み、処理し、結果を表示することが望まれる。

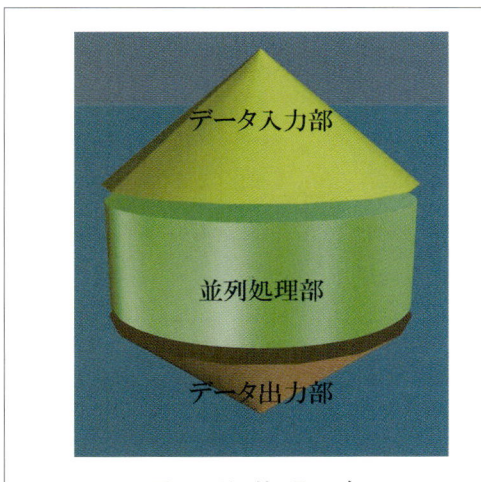

図4　並列処理モデル

---

iii) 正しい配置：現在のスパコンは図1の④のように各ノードがCPUとローカルメモリを保持している。プログラムを高速に処理するためにはコンパイラによって分割される処理単位とその処理単位に必要なデータが同一ノードに置かれることが望ましく、そのような状態にすることをいう。

iv) CPS：いわゆるコンピュータ処理（Cyber）と現実の世界（Physical）が密接に連携できることを目指したシステム

コンピュータの世界で、このような用途を担ってきたものは、いわゆる制御系のコンピュータシステムであった。工場のプラントから、自動車の制御、炊飯器の制御等その規模はさまざまである。前項のPost 京のプロジェクトでも述べたが、大量のデータを処理するスパコンの世界にもそのニーズは広がってきている。

高速かつリアルタイム処理を追及する研究者の合言葉は「データフロー」であり、データフローコンピュータとかデータ・フロー・アーキテクチャ、データフローモデルと呼ばれている。ノイマン型のコンピュータが全盛を極めて久しいが、IoT がやってきた現在、データフローを追及する研究が進展している。次にそれらを追及し、新たなアーキテクチャを模索している研究事例を紹介する。

(1) 回路再構成技術に基づくリコンフィギャラブル計算（RC）：佐野健太郎（東北大学）

FPGA（Field Programmable Gate Array）による高性能計算（FPGA-based High-Performance Computing）[5]

佐野は、Post-Moore 時代[v]のアーキテクチャとして、システムレベルのデータ・フロー・アーキテクチャの研究を行っている。彼の研究テーマは、FPGA を使用したコンピュータシステムであり、CPU と FPGA と Memory を高速に結びつけ図5のように「処理のネットワークを割り付ける」アーキテクチャ[6]が取れるようした。佐野が開発したコンピュータは、ストリーム計算要素（SPE）が3,273段のパイプライン[vi]、8入力、8出力、288演算器であり、「津波シミュレーション」を実施している。そして、このデータフローコンピュータを使用す

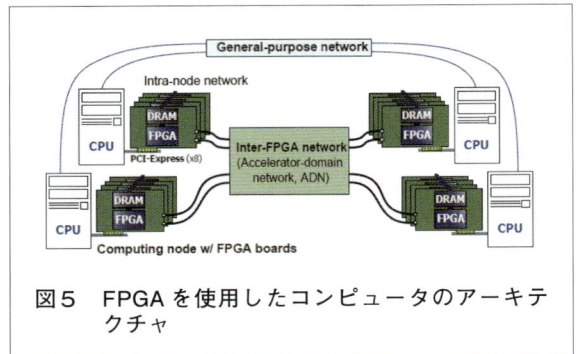

図5　FPGA を使用したコンピュータのアーキテクチャ

るための「高位合成コンパイラ[vii]：SPGen」を開発している。

(2) 密結合演算加速機構アーキテクチャ：塙　敏博（東京大学）

塙は、高速な演算処理を実現するために、FPGA や GPU（Graphics Processing Unit）等を PCIe バス[viii]で結合するアーキテクチャを研究し、製品として図6のような PEACH2 を開発している。

また最近の PEACH 3 では、CPU のコントロールを介さずに DMA（Direct Memory Access）転送で GPU 間を連接する機能が追加

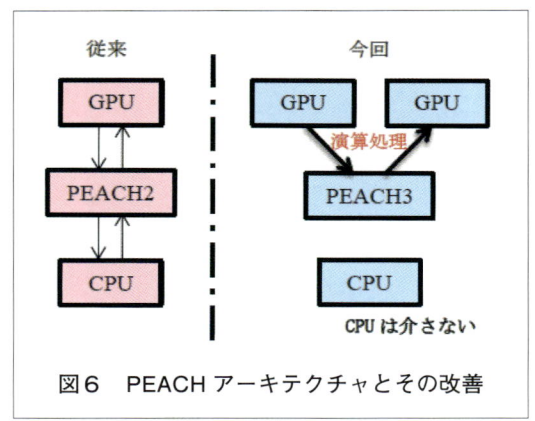

図6　PEACH アーキテクチャとその改善

---

v) Post-Moore 時代：Moore の法則といわれるものは、LSI の集積度は18ヵ月で2倍に伸びていくといわれ、処理性能も伸びてきたが、それも限界に近付いている。Post-Moore 時代とは現在のその状況を指し、これを克服して処理性能を引き続き伸ばしていくためのアーキテクチャが模索されている
vi) パイプライン：PU がメモリを介することなく直列につながった処理ユニット

vii) 高位合成コンパイラ：通常のコンパイラは一つのコンピュータ上で稼働するプログラムの実行体を生成する。高位合成とは、佐野が定義した図5のデータフローマシンに自動的にプログラムを配置し、一つのプログラムのように稼働させるためのコンパイラを示している
viii) バス：コンピュータの内部で CPU、メモリ、外部接続装置などをつなぐ通信機能

されて速度が7倍に向上した。

佐野の場合は、高性能なFPGAを処理プログラムに合わせて再構成させる手法であり、塙の場合は、FPGAやGPU等をPEACHという結合回路で処理ネットワークを構成させる方法をとっている。この2件は、ともに計算用のFPGAをうまく使い、計算の効率化とデータフロー処理をストリーム処理として確立しようとする試みである。

7. ストリームコンピューティングの登場

これらのデータフローモデルは、本来の計算ロジックをそのままコンピュータへ割り当てようとする試みであり、汎用のCPUと半専用回路のFPGAを多数用いて行うものであり、やはり専用コンピュータの域を出ない。

(1) データフローモデルの進化

実世界での運用を模索するために、前項の専用マシンのみならず、われわれのそばに存在しているコンピュータ資源をうまく利活用しようとする試みもなされている。その一つがSPARTA（a Stream-based Processor And Real-Time Architecture）[7]であり、Codelet Model[8]である。SPARTA、Codelet Modelについては、2017年3月に行われた情報処理学会第79回全国大会の招待講演で、IEEE FellowのJean-Luc Gaudiotから紹介があった。

(2) 招待講演の概要

Gaudiotによれば、これまでのノイマン型の処理では処理時間に限界が生じてきている。それを解決する方法がデータフローモデルである。このデータフローモデルを現在のコンピュータに適用したものが「ストリームベースドモデル（Stream-based Model）」であり、図7のように階層化された機能を従来のようなモノ（同一の機能）なコアではなく、ヘテロジニアス（異なる機能）な多数のコアチップから構成されるモデルである[9),10]。

そしてこのモデルの体系がCodelet Model[11]として整いつつある。また、これを実現させるためのコンパイラが必須であるが、これもDARTS[12]とかCOStream[13]として開発されている。

実世界のリアルタイムな処理に対応するためには、これまで述べてきたような処理単位が大きなプロセスをつなぐデータフローモデルを、小さな処理単位として分解し、それらを直接結合するデータフローモデル、いわゆる「スト

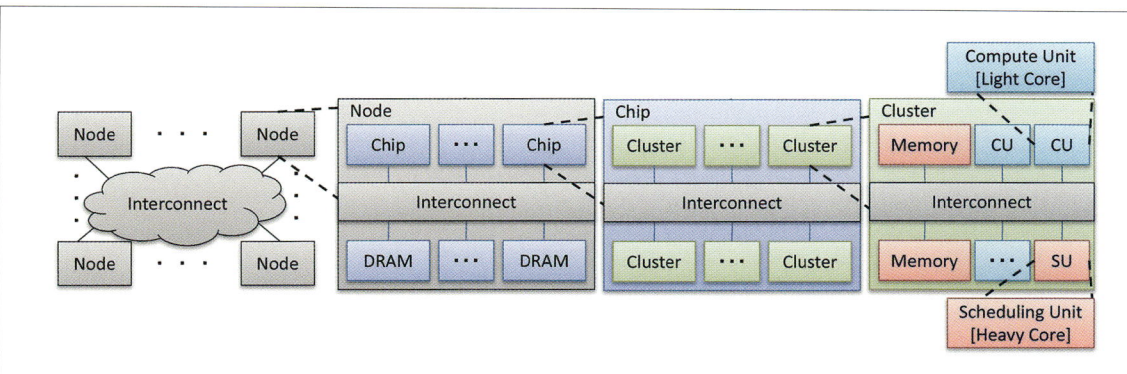

出典：Suettlerlein, Joshua; Zuckerman, Stephance; Gao, Guang R.;, "An Implementation of the Codelet Model," in *Euro-Par 2013 Parallel Processing, 19th Inernational Conference*, Aachen, Germany, 2013.

図7　Codelet Modelのハードウェア概念図

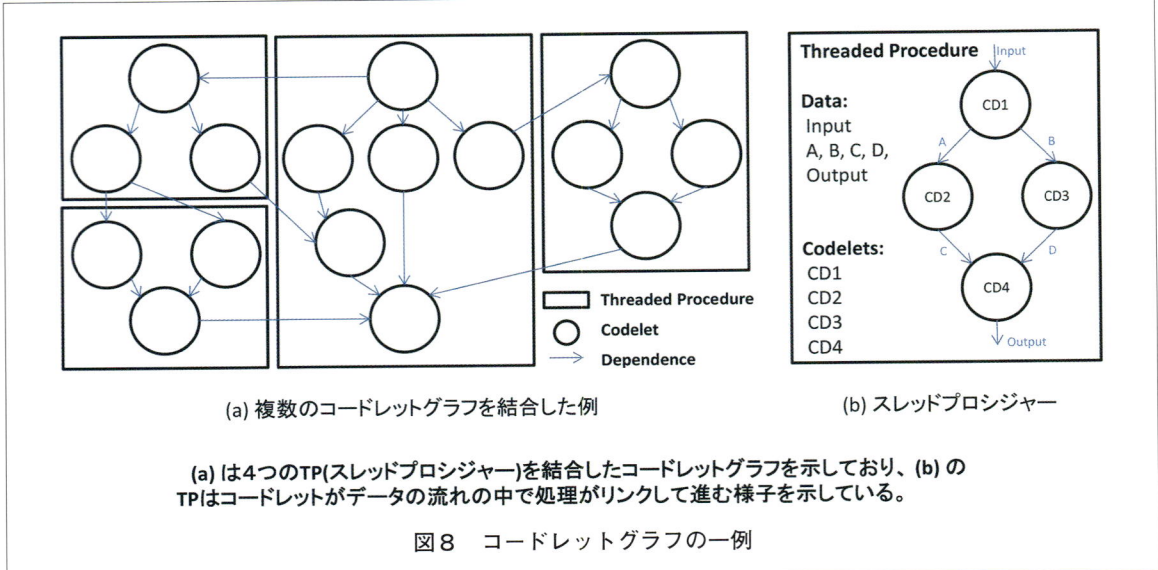

(a) 複数のコードレットグラフを結合した例　　(b) スレッドプロシジャー

(a) は4つのTP(スレッドプロシジャー)を結合したコードレットグラフを示しており、(b) の
TPはコードレットがデータの流れの中で処理がリンクして進む様子を示している。

図8　コードレットグラフの一例

リームベースドモデル」として再構築する作業が進んでいる。つまり「ストリームコンピューティング」の誕生である。

(3) Codelet Modelの概要

ストリームコンピューティングに最も近いモデルがCodelet Modelであることからこれについて概説をする。その基本のハードウェアモデルは、多数のノードがインターコネクト（Interconnect）と呼ばれる内部結合網で繋がれている。そして各ノードは数個のチップから成り、チップには数百のコア（Core）を内包している。その様子を表したものが図7である。このモデルでは、ノード、チップ、クラスタ、コアと階層化されたレベルコンポーネントで構成されており、インターコネクトは、遅延も異なる多様なレベルコンポーネントを結合している。

最終的には二つのタイプのコアにより、計算が実施されるモデルとなっている。一つ目のコアは、シンプルな計算ユニット（CU）であり、二つ目は、同期ユニット（SU）で、計算の安定性を図る機能を有している。

このハードウェアに実装されるコードレットモデルは次のように定義されている。

コードレットは、自動的にスケジュール化された「ノンプリエンプティブ[ix]な機械語」の集合である。コードレットは通常のタスク[x]ではなく、データフローのアクター[xi]のようなものであり、それらの従属関係をイベント[xii]により活性化する。イベントはデータの流れである。コードレットの出力は自動ではない。その意味はデータの生成をするものであり、他のコードレットに信号を与え、計算を連鎖していくものであり、これまでのマクロなデータフローアクターとは異なる。この定義を図化したものが、**図8**のコードレットグラフ（CDG：Codelet Graph）である。

つまり、図7のようにモデル化したコンピュータシステムの中に、図8のようなデータフローモデル（コードレットグラフ）が実装される。

---

ix) ノンプリエンプティブ：現在のコンピュータは、複数の実行体がプロセスとして同時に稼働している「プリエンプティブ」な状態である。「ノンプリエンプティブ」とは複数の実行体が同時には実行しない状態を示している
x) 通常のタスク：プリエンプティブに活動しているプロセス
xi) アクター：処理の実行待ちをしている実行体
xii) イベント：アクターを活性化するためのトリガー

図8の例は（b）がTPの基本的な構成と活動要領を示している。まず、データがInputに流れてくると、CD1が活性化する。CD1の結果としてデータA、BがCD2とCD3を活性化する。その結果データC、DがCD4を活性化し、出力としてOutputにデータが出力されることを示している。図8の（a）は、四つのTPが結合された状態を示しており、より実際的なコードレッドグラフの例である。つまり、データが流れることで計算が活性化し、処理が行われる。まさに、データストリームがコンピュータを駆動していくモデルとなっている。

Codelet Modelでは、すでに専用のコンパイラも開発され、実用化の道を歩み始めている。

8. 中国のコンピュータ事情

2017年3月の情報処理学会79回全国大会では、中国からの招待講演も実施された。講演者は中国CCFの副社長Ninghui SUNで、中国におけるコンピュータの発展の経緯を概観した。

SUNによれば、中国のスパコンは三つの時代に区分できる。

中国のコンピュータ研究開発の機運はまさに上昇気流に乗ったが如くである。表1はSUNが説明した概要である。IT 1.0の時代には、ひたすら日本のスパコン等を導入し、核兵器や弾道ミサイルの計算をしていたようだ。またIT 2.0と表される今日ではインターネットに代表される通信技術に注力し、世界のインターネット網を米国に次ぐ勢いで掌握しつつある。特にここでは触れていなかったが第5世代通信網いわゆる5Gなども国家を挙げて研究開発している。

将来のIT 3.0では、日本では一部の研究者が細々とやっている「ストリームコンピューティング」を大々的に実施しているようである。ここで示された方法DianNao Family Chipはもはや米国の物まねではなく中国独自のアーキテクチャとなっている。特に注目すべきは、Labeled von Neuman Architectureであろう。このアーキテクチャは、計算の負荷を予測しつつ処理のデータフローをラベルで制御しようとしているものであり、論理的には美しい。

このような、独自技術の開発が中国では行われるようになっている。未だ、米国の研究開発の広さと深さには及ぶべくもないが、その研究者の人数や予算等を考えると、日本は取り残されていくのではと危惧される。

9. あとがき

スパコンの発展を中心に今後のコンピュータ・アーキテクチャを見てきたが、計算がただ速ければよいという時代は終わり、いかに消費電力を抑えられるか、IoTに代表されるようにすべてネットワークでつながる現在、いわゆるビッグデータ処理をいかに人間にやさしく、かつフィットした時間で処理できるかという点も注目されている。このような観点ではAIブームもその一環であろう。

図9はコンピュータ世界の変遷をデバイス、ネットワーク、処理形態、特に並列処理の分野を中心に図示したものである。この図からも分かるようにAIも処理形態の観点では並列処理の一分野であり、Unification

表1　中国のコンピュータの時代区分とその概要

1	IT 1.0	Simulation		Simulation for nuclear weapons, ballistic missile（日本の5社のコンピュータ、スパコンを使用）
2	IT 2.0	Communication	Today	インターネットのベンダーTop10の内4社が中国となりインターネットコミュニケーションが発展
3	IT 3.0	Embodiment	Future	これからのアイデア ● DianNao Family Chip[14]；→クラウドは経済的ではないが故に専用チップを開発 ● Labeled von Neuman Architecture for Cloud[15]を提唱；fine-grainを実現 ● DPU（Data Processing Unit）for Big Data；LSIレベルでfine-grainを実現

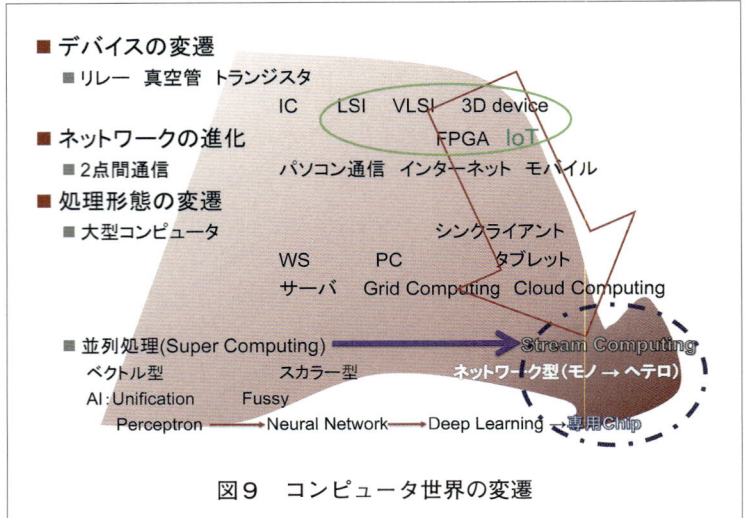

図9 コンピュータ世界の変遷

できるか、個人情報等を安全にビッグデータの中で処理できるかも重要な課題である。近年の近隣諸国の情勢を鑑みれば、ミサイルの脅威等に対し、防衛力が瞬間対応できるための処置や、安全保障を国家として支えていくための処置にもコンピュータは密接に関係している。図9が示すように、コンピュータ世界の技術は大きく進歩している。

本稿では、次世代のスパコンの姿を最新の発表をもとに解説してきたが、よりリアルタイムな対応があらゆる分野のコンピュータに求められから始まり現在のDeep Learningそして専用チップの世界へと発展してきている。

さらに天候気象・地震災害に適時適切に対応ていることは厳然たる事実である。これまで個別の技術として発展してきたものが相互に連携し協調し合う技術へと変貌している。

引用文献

1) "Top500 List - June 2017," Copyright 1993-2017 TOP500.org (c), 6 2017. [オンライン]. Available: https://www.top500.org/list/2017/06/?page=1.
2) W. L. Tucker and G. G. Robertson, "Architecture and Applications of Connection Machine," IEEE Computer, 1988.
3) 吉田利雄；池田吉朗；安島雄一郎、"スーパーコンピュータ「京」：3．ハードウエア - ラック、冷却、プロセッサ、インターコネクト"、情報処理学会、2012.
4) 石川裕、ポスト「京」スーパーコンピュータの開発概要、情報処理学会 第78回全国大会、2016.
5) 佐野健太郎、"FPGAによる高性能計算"、東北大学大学院情報科学研究科、11 6 2008. [オンライン]. Available:http://sacsis.hpcc.jp/2008/tutorial_sano.pdf. [アクセス日：10 5 2017].
6) K. Sano, "Tightly-Coupled FPGA Cluster with TERASIC DE5-NET boards," 21 2 2014. [Online]. Available: http://www.caero.mech.tohoku.ac.jp/research/Architecture/ScalableStreamingArray_20110218.pdf. [Accessed 26 7 2017].
7) Resnick, Martin L.;, "SPARTA: A System Partitioning Aid," IEEE, 1986.
8) Suettlerlein, Joshua; Zuckerman, Stephance; Gao, Guang R.;, "An Implementation of the Codelet Model," in *Euro-Par 2013 Parallel Processing, 19th International Conference*, Aachen, Germany, 2013.
9) Donyanavard, Bryan; Muck, Tiago; Sarma, Santanu; Dutt, Nikil;, "SPARTA: Runtime Task Allocation for Energy Efficient Heterogeneous Many-cores," ACM, 2016.
10) Fallu-Labruyere, A.; Geryes, T.; Ravera, T.; Jeanjacquot, N.;, "SPARTA: A comprehensive alpha, beta and gamma Particulate Radiation Measurement System for Environment Monitoring," IEEE, 2011.
11) S. Zuckerman, A. Landwehr, K. Livingston and G. Gao, "Toward a Self-Aware Codelet Execution Model," IEEE Computer Society, 2014.
12) J. Suetterlein, "DARTS: A RUNTIME BASED ON THE CODELET EXECUTION MODEL," the University of Delaware, 2014.
13) Wei, Haitao; Zuckerman, Stephane; Li, Xiaoming; Gao, Guang R.;, "A Dataflow Programing Language and Its Compiler for Streaming Systems," Procedia Computer Science, ICCS, 2014.
14) Chen, Yunji; Chen, Tianshi; Xu, Zhiwei; Sun, Ninghui; Temam, Olivier;, "DianNao Family: Energy Efficient Hardware Accelerators for Machine Learning," Computers of the ACM, 2016.
15) Bao, Yun-Gang; Wang, Sa;, "Labeled von Neumann Architecture for Software-Defined Cloud," University of Chinese Academy of Sciences, Beijing 100049, China, 2017.

連載 電磁パルスの脅威 その技術と効果②

核爆発による電磁パルス
〜E1-HEMPについて

本誌編集委員
山根　洋

4．E1-HEMPとは

(1) E1-HEMPの発生原理

　高高度核爆発を実施した場合、爆発直後の極めて短時間10p（10^{-12}）秒以内に発生するγ線が大気層20km〜40km付近の酸素や窒素の原子に衝突し、電子を叩き出すコンプトン効果が起こる。このコンプトン効果により、発生したコンプトン電子は、**図6**に示されるように地球磁場の磁力線に沿って螺旋状に回転して移動するため、10n（10^{-9}）秒ほどの至短時間で、急峻に立ち上がる強力なE1-HEMPを発生させる。

(2) E1-HEMPの地上への到達範囲

　核爆発する高度が高いほど、E1-HEMPの到達範囲は大きくなる。例えば高度400kmで核爆発が起こった場合、**図7**に示すように地磁気に沿って発生するため、極めて広範囲に広がる。**図8**は高度75kmで核爆発が起こった場合、地上に生ずるE1-HEMPの照射範囲の幾何学的関係を図示している。

　爆発高度をHOBとして、地表面に到達したE1-HEMPの到達範囲（Ground Range：半径）

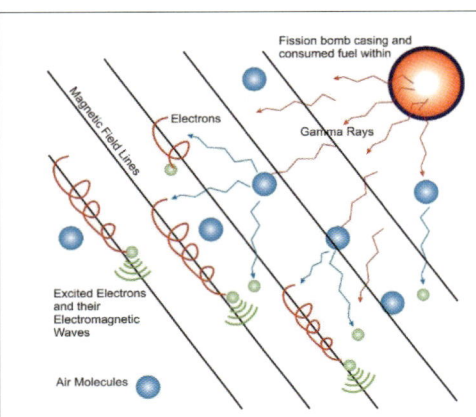

図6　高高度核爆発で発生するγ線によるコンプトン効果とコンプトン電子が地球磁場の磁力線に沿った螺旋運動を起こすイメージ図[8]

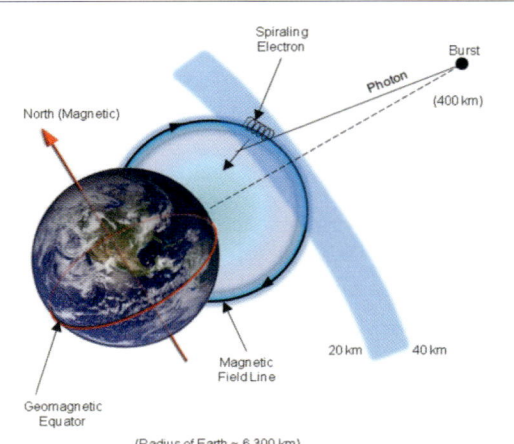

図7　高高度核爆発によるE1-HEMPの発生（高度400kmの例）[9]

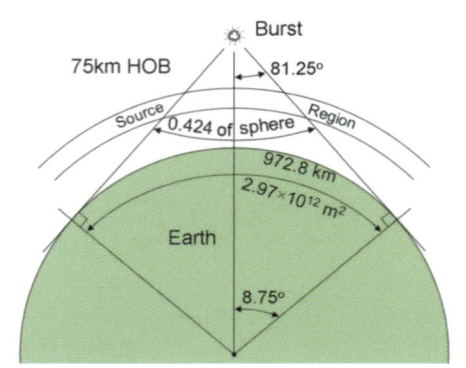

図8 高度75kmで核爆発が起こった場合に地表に生ずるEMPの照射範囲[10]

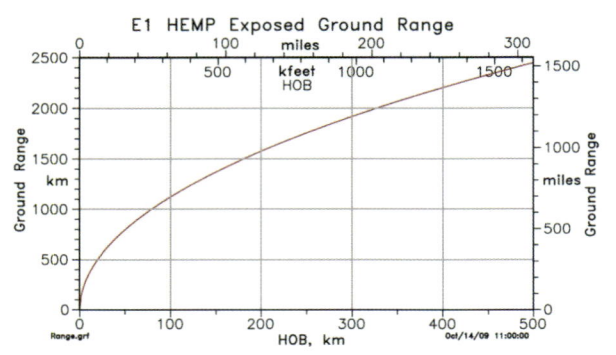

図9 高高度核爆発の爆発高度(HOB)に応じたE1-HEMPの地表到達範囲(半径：km)[12]

Figure 2-9. Samples of E1 HEMP exposed regions for several heights. The red circles show the exposed regions for the given burst heights, for a nuclear burst over the central U.S.

図10 爆発高度（赤字）によるE1-HEMPの到達範囲の一例[13]

は、導出過程は省略するが、Ground Range＝$110\sqrt{(\mathrm{HOB})}$ の関係式[11]で与えられる。

　図9は、この式で計算したHOBとGrand Rangeの計算結果をグラフ化（単位はkm）したものである。

　図9の計算結果を使用して、米国の中心部をグランドゼロとして、上空の代表的な爆発高度30km、100km、200km、300km、400kmでのE1-HEMPの到達範囲（半径：km）を地図上に表記すると図10のような一例となる。わが国のマスコミの一部では、図10に示される「HEMPの到達範囲」が「HEMPが影響を及ぼす範囲」や「HEMPにより被害を受ける範囲」等々の記載になり、電界強度が最大50kV/mとの情報と結びついて、円内すべてが深刻な影響を受けるような誤解を読者に与えるような報道が見られる。

(3)　E1-HEMPの電界強度とSmile Diagram
　E1-HEMPの最大（ピーク）電界強度は米国

の高高度核実験で観測された実測値50kV/mであり、国際電気標準会議IEC（International Electrotechnical Commission）のEMC（Electro Magnetic Compatibility）専門技術委員会（TC77）の下部組織のHigh Power Transient Phenomena 小委員会（SC77C）が策定した技術文書等でも、ピーク電界強度50kV/mの値と定義されている。

基本的にはHEMPは電磁波であるため、地表面に発生する電界強度は、低高度で爆発した場合に高くなるが、到達範囲は狭くなる。逆に核爆発高度（HOB）が高いほど、地上への到達範囲が大きくなる。また高高度核爆発で生ずるHEMPにより地上に発生する電界強度は、地上（観測者）の位置（緯度、経度）、HEMPが発生する領域の地磁気の強さ、核爆発高度、使用される核爆弾の威力や構造（発生するγ線のエネルギー量）等によって変化するといわれている。従って、図10で示されるE1-HEMPの到達範囲の中で電界強度は一定の50kV/mとはならない。

図11(a)に示すように、E1-HEMPは、爆発地点から出て大気層に入射するγ線が、周辺地磁気に垂直に入射した場合、コンプトン電子の螺旋運動で発生するEMPの強度は最大になる。逆にγ線が地磁気に平行に入射した場合、コンプトン電子は螺旋運動しないのでEMPは発生せず強度はゼロ（Null）となる。図11(b)はγ線の照射方向（青色）と地磁気（磁力線：赤色）の位置関係を更に簡素化した概念図である。ここで図11(a)と図11(b)の南北の方向が逆に記載されていることに注意する必要がある。

以上から、爆発地点直下ではピークの電界強度にならず「北半球の場合、爆発地点直下の南側」にでき「南半球の場合は逆」にできる。また電界

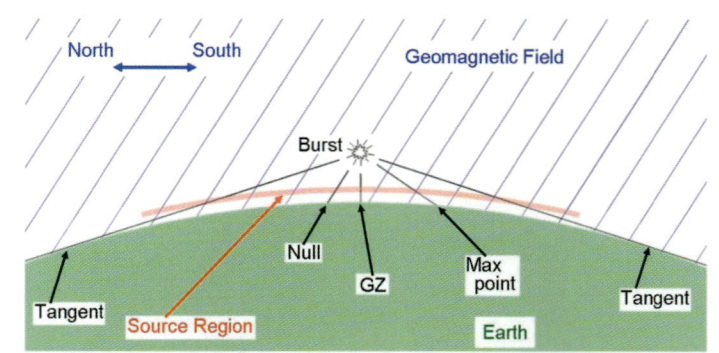

図11(a)　E1-HEMPの到達範囲に最大強度（MAX point）と最小強度（Null）が発生する理由[14]

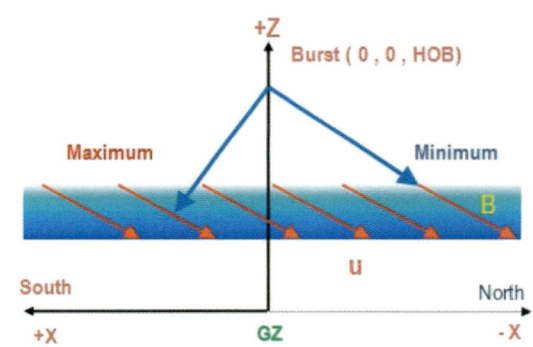

図11(b)　E1-HEMPの到達範囲に最大強度（MAX point）と最小強度（Null）が発生する概念図[15]

強度が最小となる地点は、「北半球では爆発地点直下の北側」にでき「南半球の場合は逆」になる。また外周に行くほど電界強度は低くなり、中心部に行くほど高くなる。その結果、E1-HEMPの到達範囲の円内の電界強度は均一ではなく、Smile Diagramと呼ばれる電界強度分布パターンが形成される。

図12は、ある10ktの核弾頭が高度75kmで爆発した時のSmile Diagramの一例を示している。中心の＋印は爆発地点の直下を表し、その南側に赤で表示される領域が100％であるからピーク強度50kV/mの地域を示している。外周部の紫色で示されるエリア強度は青色との境界付近で12.5kV/m、青色で示されるエリア付近で25％である。

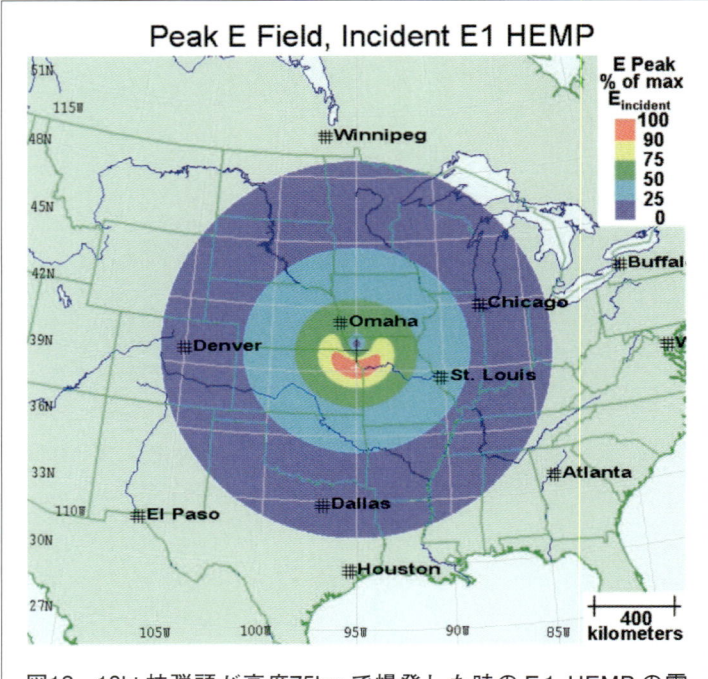

図12 10kt核弾頭が高度75kmで爆発した時のE1-HEMPの電界強度分布[16]

(4) 爆発高度と電界強度の関係

図13は、代表的な核爆弾の高高度核爆発で発生するE1-HEMPで爆発地点の高さ（HOB）

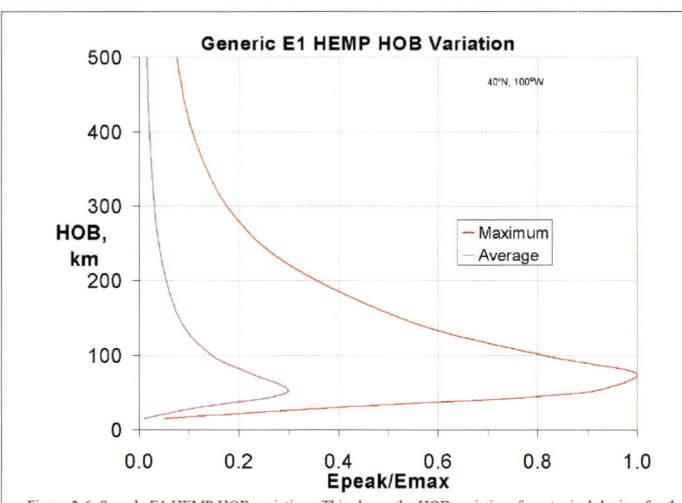

Figure 2-6. Sample E1 HEMP HOB variation. This shows the HOB variation, for a typical device, for the highest E1 peak seen over the full exposed region (red line), and for the average E1 Peak – averaged over all the exposed area. The E1 peak levels are plotted as a fraction of the absolute maximum E1 HEMP for all burst heights (it occurs about HOB=75 km in this case).

図13 核爆発の高度（HOB）に応じるE1-HEMPにより発生する電界強度／最大電界強度比[17]

に応じて、地上に生じる電界強度のピーク値／最大電界強度の比を表している。前提となった核爆弾の規模等は不明であるが、赤線で示されるグラフに注目するとHOBが75kmの時、Epeak/Emaxが1であり、その時の電界強度のピーク値は50kV/mとなる。ここからは推測であるが、図13で示されるグラフを10ktの代表的核弾頭の例と仮定すれば、最大電界強度50kV/mを得るための最適な爆発高度（HOB）は75kmであり、その時の地上に生ずる電界強度の分布は図12のようになると思われる。また核弾頭の威力がこの10ktを超える威力の核爆弾であれば、図13の曲線は上方向に移動した形になるのでピークの電界強度50kV/mを得られる最適な爆発高度も上昇するものと推測される。

北朝鮮の準中距離弾道ミサイルの搭載量は、比較的低威力の10kt級核弾頭の搭載可能（射程を犠牲にすれば最大50kt級が搭載可能）をいわれているので、北朝鮮が民間船舶や潜水艦を利用して、比較的短い弾道ミサイルを米国周辺海域から発射し、高度75km付近で爆発させれば、米国東海岸のワシントンやニューヨーク等の主要都市を一挙に電磁パルス攻撃が可能となることが推測される。

(5) 放出されるγ線のエネルギー量の影響

図14は、核爆発高度を変化させたときの核爆発で瞬時に放出されるPrompt Gamma Ray Yield（放出されるγ線のエネルギー量）と最大ピーク電界強度の関係を示すグラフである。ここで横軸のPrompt Gamma Ray Yieldの単位はktであるが、核爆弾の

威力（収量）を示すktではないことに注意する必要がある。Gamma Ray Yield は核爆発による全エネルギーの中で放出されるγ線のエネルギー量で、通常は0.1％～0.5％程度といわれ、核爆弾の規模、種類、製造方法等により異なる。例えば、1962年のStarfish primeで使用された1.4Mtの水爆のPrompt Gamma Ray Yieldは1.4kt（0.1％）、1962年に旧ソ連で実施した高高度核実験で使用した核爆弾は300ktでPrompt Gamma Ray Yieldは0.39kt（0.13％）となる。

このグラフは、Prompt Gamma Ray Yieldの収量ktが1kt～100ktの範囲では、爆発高度を変化させても、最大ピーク電界強度の値は、なだらかに50kV/mに向かってなだらかにしか増えないことを示している。また注意すべき点は、このグラフの前提は、図中上部に記載されているように、赤道における磁場（0.3Guss＝30,000nT）を前提にしているので、米国中部の場合に適用する場合、磁場（0.6Guss＝60,000nT）であるため、発生する電界強度は2倍になる。日本の場合、仮に東京付近の磁場は（0.45Guss＝45,000nT）であるので電界強度は1.5倍になる。

図15は、爆発高度を200km一定にして、核爆弾のPrompt Gamma Ray Yieldを100kt、10kt、1kt、0.1kt、0.001ktに変化させた場合に発生するE1-HEMPの電界強度の時間応答波形を表示したグラフである。ピーク電界強度50kV/mを得るには、Prompt Gamma Ray Yieldが100kt、10ktの核爆弾が必要であり、1ktでは電界強度のピークは20kV/m、0.1ktではピークは4kV/m、0.01ktでは400V/m程度まで減少することが分かる。図14の磁界強度は4.7×10^{-5}T＝47,000nTであり、東京付近に近い値である。このことから核爆弾のPrompt Gamma Ray Yieldの収量の大小によって、電界強度は変化することが分かる。少ない収量Prompt Gamma Ray Yieldで50kV/mの最大電界強度を得るためには、爆発高度を下げる必要があることが分かる。

図16は、Prompt Gamma Ray Yieldを10ktと仮定した核爆弾の爆発高度を変化させた場合のE1-HEMPの時間応答波形の一例である。核爆発全エネルギーに対するγ線エネルギーへの変換効率を0.1％と仮定するとPrompt Gamma Ray Yieldの値10ktは、10Mt級の核爆弾（水爆）であると推定される。米国で10～15Mt級の核爆弾（水爆）は実用上最大規模の核兵器であり、このクラスの核爆弾を使用して高高度核爆発を行った場合、爆発高度

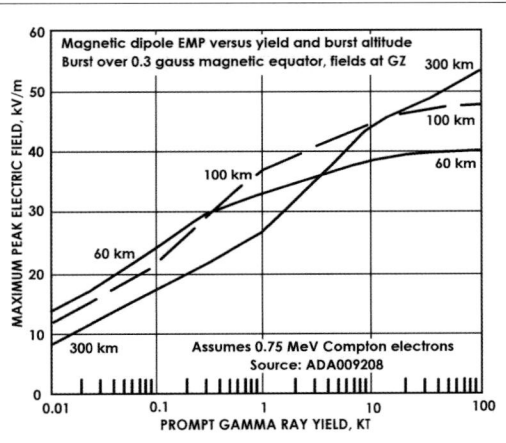

図14　核爆発高度に応ずるPrompt Gamma Ray Yield変化と最大ピーク電界強度の関係[18]

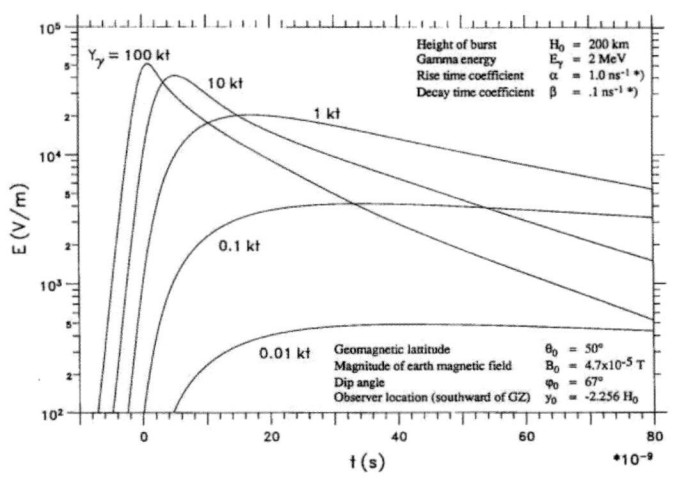

図15　爆発高度を200kmのPrompt Gamma Ray Yieldを変化とE1-HEMPの時間応答波形の一例[19]

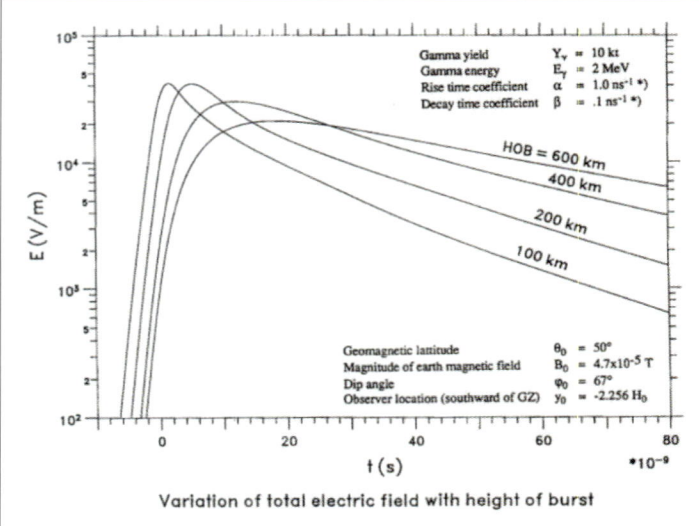

図16　高威力核爆弾（水爆）の高高度爆発高度に応じたE1-HEMPの時間応答波形の一例[20]

400km以上では50kV/m最大電界強度は得られないため、少なくとも爆発高度300kmを下回る高度で爆発させる必要があることが見積もられる（この図の例では200km程度ならば、最大50kV/mのピーク電界強度を得られる）。

(6)　核爆発規模とSmile Diagramの例

図17は米国2011年10月10日のUS Army Test and Evaluation Command 報告書「01-2-620 High-Altitude Electromagnetic Pulse (HEMP) Testing」の中に記載されているSmile Diagramである。このSmile Diagramの色分けはピーク電界強度の相対値ではなく、絶対値で記載されており、最大の電界強度は50kV/mであり、赤色で示されている。爆発高度を図10から推測したならば、高度300km（半径1,900km）と見積もられる。威力については、ピーク電界強度が50kV/m（赤色）であることから、Multi-Megatonクラスの核弾頭（水爆）と思われる。

図18は、米国セントルイス上空で低威力・軽量の核爆弾が爆発した時のSmile Diagramであり、ピークの電界強度が50kV/mを下回っている例である。図18から半径約1,400kmのE1-HEMPの到達範囲を有するので、図9より爆発高度は約200km以下と推測される。図18では青色で示されるピーク電界強度は14～19kV/m程度であり、最大電界強度50kV/mとの比率 E_{peak}/E_{max} = 0.28～0.38となっている。図13のグラフでもHOBが200km以下の場合は E_{peak}/E_{max} = 0.3～0.4でほぼ同じ値をとることから、図18で使用した核爆弾は10kt規模と推定される。

わが国のマスコミで報道された北朝鮮の電磁パルス攻撃の解説図にある「広範囲にわたる影

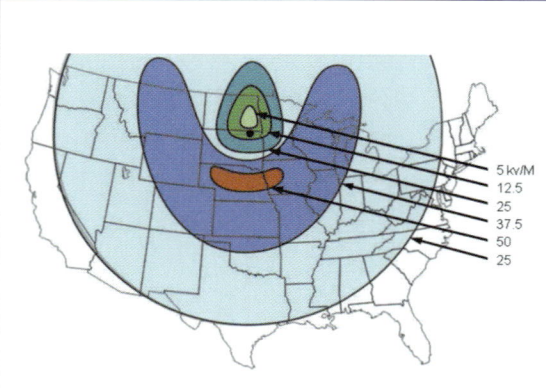

図17　「01-1-620 High-Altitude Electromagnetic Pulse (HEMP) Testing」の中に記載されているSmile Diagram（核爆発の規模はMtクラスで高度約300kmと推定）[21]

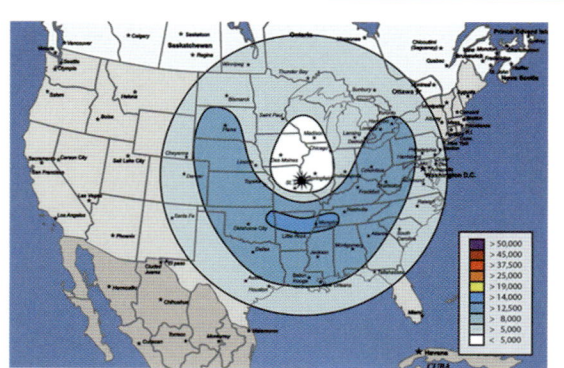

図18　軽量・低威力核爆弾の高高度爆発によるSmile Diagram: As recently as 2014, North Korea has been observed simulating EMP attacks against the U. S. mainland[22].

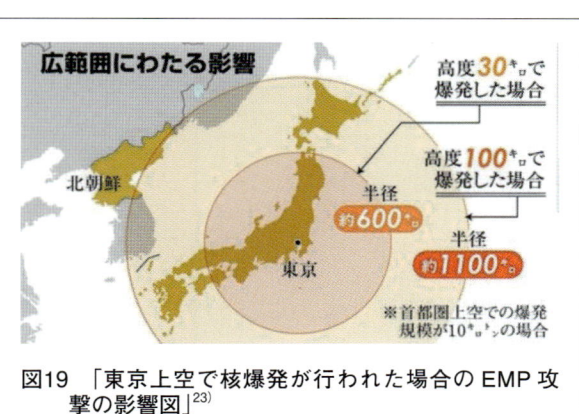

図19 「東京上空で核爆発が行われた場合のEMP攻撃の影響図」[23]

響」首都圏上空で爆発規模10キロトンの場合を図19に示す。ここで10ktの核爆発で、爆発高度30kmと爆発高度100kmで電磁パルスが影響する範囲は、それぞれ半径約600km、約1,100kmと記載されているが、この値は前述したようにGround Range＝$110\sqrt{(HOB)}$の関係式で決まり、核爆発の規模は無関係である。日本全土を射程におく北朝鮮の弾道ミサイルの核弾頭搭載能力「10kt規模」に注目するならば、図12、図13で解説したように最大強度の電界強度50kV/mを生じさせる爆発高度は75kmであり、その時のE1-HEMPの到達範囲は約953kmとなる。図19のように東京上空、高度30kmおよび高度100kmで爆発させた場合、図13のグラフからピークの電界強度は50kV/mとならず、約40kV/m程度となり、円内の平均電界強度は約7.5～8kV/m（E_{peak}/E_{max}＝0.15～0.16）と見積もられる。

（つづく）

引用文献

8) http://asurvivalplan.com/2013/06/30/emp-methods-and-preps-part-ii/　A Survival Plan, Develop a Plan to Survive and Thrive, EMP Methods and Preps – Part II

9) Survivability, Vulnerability & Assessment Directorate（TEDT-WSV-ED）TOP 01-2-620 High-Altitude Electromagnetic Pulse（HEMP）Testing, 10 November 2011

10) Edward Savage, The Early-Time（E1）High-Altitude electro-magnetic Pulse（HEMP）and Its Impact on the U. S. Power Grid

11) Dr. Peter Vincent Pry, THE LONG SUNDAY NUCLEAR EMP ATTACK SCENARIOS, 2016-2017

12) Edward Savage, The Early-Time（E1）High-Altitude electro-magnetic Pulse（HEMP）and Its Impact on the U. S. Power Grid

13) Edward Savage, The Early-Time（E1）High-Altitude electro-magnetic Pulse（HEMP）and Its Impact on the U. S. Power Grid

14) Edward Savage, The Early-Time（E1）High-Altitude electro-magnetic Pulse（HEMP）and Its Impact on the U. S. Power Grid

15) Gyung Chan Min1, Yeong Kwan Jung, Development of the HEMP Propagation Analysis and Optimal Shelter Design, Simulation Tool "KTI HEMP CORD"

16) Edward Savage, The Early-Time（E1）High-Altitude electro-magnetic Pulse（HEMP）and Its Impact on the U. S. Power Grid

17) Edward Savage, The Early-Time（E1）High-Altitude electro-magnetic Pulse（HEMP）and Its Impact on the U. S. Power Grid

18) Lois W Seiler Jr, A CALCULATIONAL MODEL FOR HIGH ALTITUDE EMP, ADA009208 AIR FORCE INST OF TECH WRIGHT-PATTERSON AFB OH SCHOOL OF ENGINEERING Air Force Institute of Technology Wright-Patterson Air Force Base, Ohio March 1975

19) Nuclear weapons test effects: debunking popular exaggerations that encourage proliferation: EMP radiation from nuclear space bursts in 1962

20) Nuclear weapons test effects: debunking popular exaggerations that encourage proliferation: EMP radiation from nuclear space bursts in 1962

21) US Army White Sands Missile Range, TOP 01-2-620 High-Altitude Electromagnetic Pulse（HEMP）Testing, 10 November 2011

22) https://www.wealthdaily.com/report/total-blackout/1545
WEALTHDAILY Special Report : Total Blackout 2017

23) 産経ニュース［クローズアップ科学］「電磁パルス攻撃」の脅威　上空の核爆発で日本全土が機能不全に　2017．8．27

INTERVIEW
民生有望技術　　日本は何を？

自販機と電子看板の融合から生まれた未来型ネットワークシステムの夢

株式会社ブイシンク
代表取締役社長

井部　孝也 氏

　いま国内には自販機が250万台あるといわれている。もともとは缶ジュースなどを買うための便利ツールだったのが、今日では技術革新によってさまざまな用途を付加されるようになった。そうした中、購買客の年齢性別に応じて売れ筋商品を提供したり、相手の嗜好に合わせた勧誘もできるほか、さらに顔認識機能を利用して防犯や防災にも一役買うほどに進化しているという。今回は、そんな新しい機能を備えた「スマートベンダー」を中心に製造元である㈱ブイシンクの井部孝也社長に聞いた。

聞き手／本誌編集部

■ 御社の新製品である「スマートベンダー」は世界でも初めてのものなのですか？

　井部　自動販売機とデジタルサイネージ（店頭や屋外に設置する電子式液晶表示看板）を融合し、インバウンドや防災に対応した世界初の商品です。年齢性別をベースにメーカーの要望を登録しておいて、装置の前に立った人の年齢性別を素早く判断し最適な商品をお勧めすることもできるわけです。それに必要な顔認識技術の一部は他社から買ってますが、年齢を精度よく推定する技術はわれわれが独自にカスタマイズしています。

■ このスマートベンダーの開発にはどれくらいの期間をかけたのでしょうか？

　井部　スタートから発売までに1年半くらいでした。逆に時間をかけすぎるとコストが高くなってしまいますから、そこは切実な問題でした（笑）。

■ 顔認識はいろいろ企業で開発していると思いますが、その顔認識を構築するためのデータも御社でもっておられるのですか？

　井部　たぶんその数は世界と比べても多いほうだと思います。なにしろ2,000台ものスマートベンダーが常時休みなく顔データを取り続けているわけですからね。

■ 2020年のオリンピックではセキュリティ対策などが重要な課題になっていますが、このスマートベンダーもセキュリティを重視した画期的な技術があると聞きました。

　井部　ご覧いただいたように、この装置には防災のしくみを無償で提供しています。今後は防犯についても無償提供していく予定です。こ

れは日本の安心・安全を守るという意味ではビジネスと考えていません。つまり、われわれの製品がネットワークにつながっていて、ビジネスベースのマーケティングデータを取るためのカメラが付いているという機能を使って社会に貢献しているのだと捉えています。そこはもっと精度を上げていきたいし、活用の方向性も広げていきたいと思っているところです。

■ 例えば駅の周辺にスマートベンダーを300メートル間隔で1台ずつ置いたとしたら、不審者の追跡は可能ですか？

井部　できます。例えば技術開発でいうと、店舗に来た顧客が最初にどこでどの商品を買って、次にどの売り場に移ったかというような追跡が可能です。それがより広範囲になって対象者数が増えると、後はそのデータベースの容量の問題になってきます。そして処理するCPU能力の問題ですね。

■ データベースを構築するのに、どれだけの情報をもって精度を上げていくのか、やり方はたくさんあると思います。例えば何万人の中から一人を特定するのか、もう少しざっくりした形で日本人か外国人なのかというバリエーションがありますが、結局はすべてデータベース次第なのですね。

井部　それと設定ですね。本人を特定する、例えば私が本人であるということをどこに居ても特定することは可能です。しかし私が百パーセント私だと結論させるには、光源の位置によって影の出来方が違うと特定するのが難しくなります。ですから、その認識精度を少し緩めないと別人だと判断されてしまうこともあります。

しかし、緩めたために別な人が来たときに私かもしれないと認識されてしまう。ここはどっちを優先させるかという問題です。もしテロリストの判別をするということになると緩めておいた方がいいわけです。テロリストじゃないかもしれないけど、その人のデータや写真を取り敢えず保存しておけば、それがもしテロリスト

スマートベンダーの本体

だった場合に最新の情報として更新できるわけです。だからそこは何を目的にするかで設定が変わると思います。また災害時でも、行方不明になった家族の写真データを登録しておけば通信手段がない場合であっても、もし不明になった人がどこかの自販機で何かを買ったときに見つけることができるかもしれませんね。

■ 今後の事業展開についてお聞きしたいのですが、いろいろな組織とネットワークを組むことも考えられているのですか？

井部　われわれは流通を作っていくことを事業計画としています。もともと、デジタルサイネージは広告ですから、これが自販機と一体になったことで飲料など商品の売り上げも伸ばせています。それを例えば自販機自体をなくしてカメラだけ残したとしても店頭の受付業務ができるでしょうし、多言語対応もできますから外国人への案内も可能です。それから今度はEC（E-Commerce: 電子商取引）の時代になって、ネット上にある物を買って自宅へ届けられるよ

うになる。例えば観光で来日した外国人が、お土産をいっぱい買ってそのまま観光を続けるのは大変なことですよね。それを端末上で買った後に免税処理をしてやれば、いざ帰国するときに成田空港でお土産を受け取れるということができるようになります。

ECの世界は、あと10～20年もすると今の5倍くらいの規模になりますから、15兆円のECが60～70兆円に広がるといわれているときに、いま一番のボトルネックになっているのは物流なんです。宅配便の業界では、人手が足りないから値上げしたいという話になっているわけですよ。ネットのコストは最適化されれば下がっていくはずなのに、逆に上がっていく現象が起きているんです。じゃあ、これから5倍のボリュームになったときにいまの物流体制で賄えるのかということです。われわれはいま、物流のための自動運転・自動配送の特許を申請しています。そして人々が便利かつ安心・安全で生活が豊かになれるという未来図を描いて、それに必要な技術は何なのかというところを見ています。

最終的に2022年頃には自動運転が実用化されるでしょうから、そこから2030年までに物流の世界を自動化しようとすることがわれわれの目標です。ただ、いまの世の中が考えている自動化は道端までです。その先は人が配達するわけですから、全然、自動化じゃないでしょう。われわれが考えているのは、さらに歩道を渡って玄関先まで行くところをロボット化するという二段構成です。つまり公道を運転する倉庫型の"母車"があって、そこから荷物を受け取って家まで届ける"子車"という構成です。これ自体は何千、何万台がネットワークで最適化されていて、渋滞情報なども取り入れながら最適な配達順路を決定する、しかも再配達しない仕組みも作っておくのです。

> なるほど。軍事の世界にも同じような仕組みがあります。ロボティクスにはいろいろなミッションがあり、ロボット自身はそれほどエネルギー的に大きくないですから途中までは大きなロボットが担当して、個別のミッ

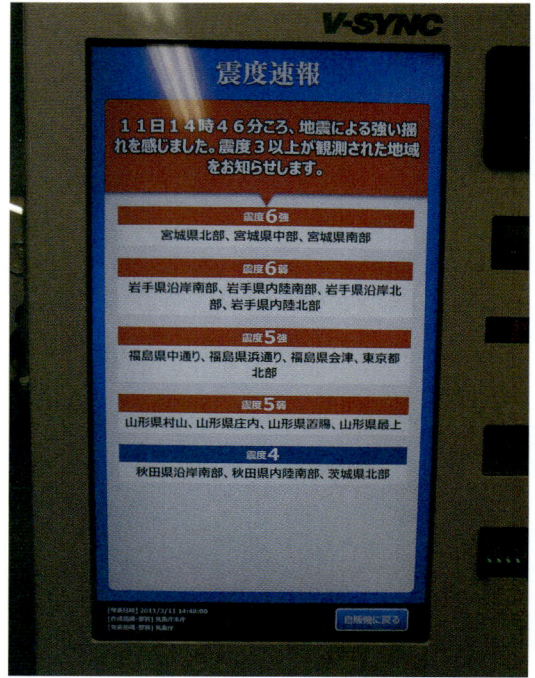

ディスプレイに表示された地震情報㊧と避難先の情報

ションのときは小型ロボットで行う。例えば偵察任務のような場合、無人車両（UGV）に搭載している無人航空機（UAV）を飛ばして建物内に侵入させるというように使います。その際に、ロボット単体がネットワークを組んで最適な行動パターンを選ぶわけです。ただ一番大事なのはセキュリティでしょうね。

井部　日本は安全すぎますからね。イメージですけど、テロはいつ起きても不思議ではないのですから。首都圏にはいろんな人がいますし、某国の工作員だって何人潜り込んでいるか分かりませんよ。

外国の場合では、潜入している工作員をかなり細かく追跡していると聞いています。だから日本でも警察や防衛省が単独でネットワークを組んでいてはだめだと思います。こうしたスマートベンダーや駅での切符販売とか、極端ですけど個人の携帯電話（スマートフォン）の情報にまで踏み込むことを考えなければ、追跡することは難しいかもしれませんね。

井部　われわれも自販機にサイネージをつけて作っていますけど、システムを作る人間が意識をそこに向けていかないとだめだと思います。コストだけを考えるならギリギリで動くCPUとメモリを積んでやって何の拡張性も考えていない、言い方を変えれば最適化した製品を作ろうとするわけですね。でもこれほどネットワークの時代になって、技術の革新が速かったらビジネスだけを考えていると、次にどんなサービスが出てくるか分からない。するとそのサービスが動かないシステムは、陳腐化して時代遅れになるわけですよ。だから、われわれは最新のハードウエアで、余裕をもったメモリとかCPUなどを積んでシステムを作るんです。そうすれば、7年間は時代の最先端を維持できるというものにしておくと、ネットワークでつながっている限りソフトウエアのバージョンアップはいくらでもできます。新しい機能はど

認知症ケアサイネージのスマートビジョン

んどん追加できますから。

それにシステムの不具合を自動修正できる機能が付いていれば、新しいOSだって平気で搭載できるわけです。それがないと新しいOSにはバグが内在していますから、これを自動修復して絶対にストップさせないという宿命がわれわれにはあります。うちの筆頭株主はインテルなのですが、当社に出資してくれたのはその技術を信頼してくれたからです。パソコンは突然止まるものです。だからWindowsマニュアルには「軍用に使用不可」と書いていますね、止まっても責任を取れないということで。医療用でもダメですし、でもそれじゃいけないなと。やはりそれを克服したシステムであるべきです。そういうものにしていったときに、新たな危機的状況に対応することができるのだと思い

ます。普通のシステム屋さんが、あまりにも拡張性のないものを作りすぎるのです。例えばリアルタイムに情報が来たらリアルタイムで配信するしくみというのは、ある大型商業施設でもいろいろなサイネージがありますが、うちのものだけは新たな情報をリアルタイムで店内に拡散できますけど、それ以外のサイネージは単に決められた通りにしか動かない設計になっていました。だから最初の設計とか、概念が大事ですね。

■ **このシステムには研究開発が大事ですけど、御社だけでそれをやっているのですか？**

井部　ほぼ自社で開発しています。世の中にすでにあって、値段も安く買えるものは買ってきます。ただ、われわれは世の中にない新しいことを考えていますので、世の中になかったり、あっても性能的に不十分なものはほとんど自前で作っています。

■ **ちょっと気になるのですが、大きな地震が来た時などに地下に置いたスマートベンダーは火災の煙を感知して、群衆を最適な非難路に誘導するといったこともできるのですか？**

井部　スマートベンダーの中には物質検知センサを積んでいます。ほかに電源電圧や電源ノイズをリアルタイムで測ることもできます。それ以前に、この機械が自身から絶対に火事を起こさないように作っています。というのは内部にハーネスの被覆成分が熱で蒸散したとき、それを検知するセンサを入れています。中のケーブル発熱は瞬時には起きるものではなく、過電流が流れて弱い部分が炭化して燃え始めることが多いわけです。炭化する直前に蒸散成分が出てきますから、それを内部センサで測っています。だから燃え出す数週間前にはその兆候をつかむことができます。

あと電源電圧の測定センサが入っています。これは自分の機械を測るだけでなく、特に商業施設ではAC電圧が70Vくらいまで下がることがあります。この状態はどういうことかというと、周囲にある100Vラインと共用されているからタコ足の状態になっていてそれが過電流になっているわけですね。当然100Vの元のライ

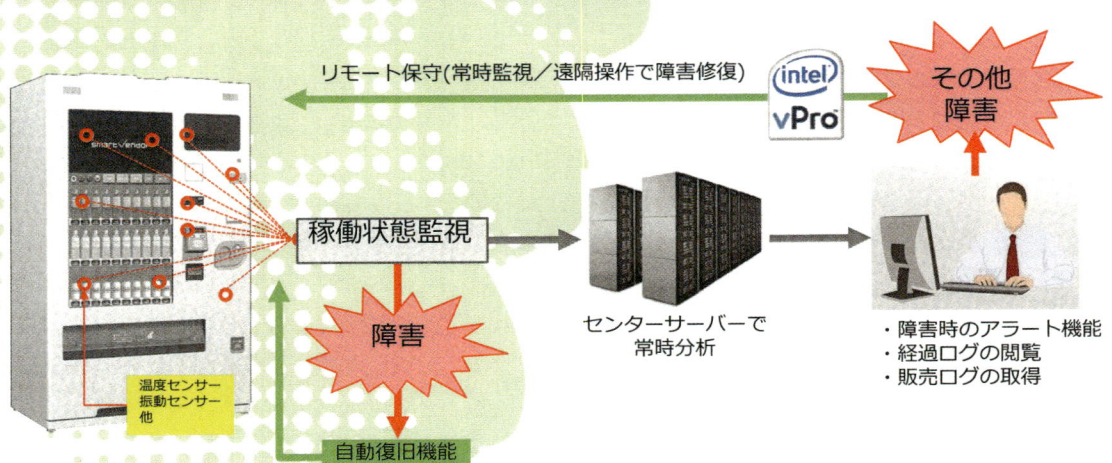

自律自動遠隔保守管理システムのしくみ

ンは熱くなっていますから、下手すると燃え出します。スマートベンダーで監視していますから、もし異常値が出れば素早く施設側に伝えることができます。施設側が設置した配線は壁に埋まって外から見ることはできませんから、異常を発見するのは難しいと思います。もちろんスマートベンダー自体を守るのが目的ですけど、同時に施設側の危険回避にも役立っているという自負があります。

　先ほどの話に戻って、地震などが起きた時にそのセンサに外から流入するガスなどの成分を検知する情報を増やせばいいですね。臭いセンサとかの成分特定は意外と簡単にできますから。そういう新しいセンサを付加して今後懸念されるサリンガスなどを検知できるようにしておけば安心ですよね。自販機は複数台並んでいますから、検知時間を時系列で測ればガスの流れ方が分かるので避難の誘導がしやすくなりますよ。

■基本的には防犯カメラのように、いろんな場所にセンサを置かなければなりませんね。でも置くことによって気流の向きや強さなどが解析できますから、逆に辿って発生源などを特定できますね。例えば福島の原発事故の時がそうでした。モニタリングポストというのがあって、自衛隊や警察が各個のポストで計測された放射線レベルをもとに住民の避難経路を確認していましたね。

　井部　そういうことはスマートベンダーでもできます。センサ代を国で負担してくれればうちですぐにやれますよ（笑）。あと、電源ノイズを測っていて研究段階なのですけど、地震予知に使えるんじゃないかと考えています。地震の際には地震発生の数日前から石英の破壊などで電磁波が発生し、それが電源ラインに乗るんです。これも一ヵ所だけだと近所の電子レンジから漏れたマイクロ波が乗ったときに針が振れちゃってあてになりませんが、これを多数で測ってマッピングし平面で見れば、電源ノイズが放射状に出ている中心点が分かります。スマートベンダーの新製品には電源ノイズのセンサを積んでいますので、これからデータを取り始める予定です。ですから、このシステムが大地震の検知手段になればいいなと思っています。

■いま、この機械は何台くらい普及しているのですか？

　井部　いまはまだ2,000台くらいです。世の中には自販機が250万台くらいありますから、まだほんの一部にしかすぎませんね。価格が高くて普通の自販機の3倍くらいはします。ただし、一台当たりの売り上げはかなり大きいので採算性は十分ですよ。

■最後に、将来はどのような方向に進められる予定ですか？

　井部　日本に限らず、世界的に流通物流費がコストダウンされていく中で、皆が豊かで安心・安全な生活ができるようにこのスマートベンダーが役に立てたならと願っています。

■本日は、貴重なお話をありがとうございました。

ワンポイントMEMO

スマートベンダーとは

　自動販売機とデジタルサイネージを融合一体化した高機能販売ツール。なおデジタルサイネージ（Digital Signage）は、表示と通信デジタル技術を活用して平面ディスプレイやプロジェクタなどによって映像や文字を表示する情報・広告媒体のこと。ビルの壁面やデパート、銀行、ホテルなど多くの公共・娯楽施設で見かけることがあるだろう。スマートベンダーには多くの機能があり、主に「多国語対応」「天気予報」「乗換案内」「無料Wi-Fiスポット」「ポイント発行」「CM放映」「災害情報」「顔認証セキュリティ」などを備えている。

防衛技術アーカイブス

艦船における冷凍空調史

株式会社前川製作所　大阪技術部　部長
神戸　雅範

はじめに

　現代のシステム艦の時代において、空気調和をはじめとする冷凍空調システムは、電源や真水などのユーティリティ供給と同様に、支援システムとして位置付けられる。主な用途として、電子制御装置などの設置環境（温度、湿度、気流など）を最適な状態にコントロールする装置デバイス空調、居住区や活動空間を対象とした対人快適空調ならびに食糧保存などための冷凍冷蔵が挙げられるが、これらはいずれも必要不可欠なものであり、その基となる冷凍空調システムには高い信頼性が求められる。艦船上の主要各種装備に比べると比較的地味な存在の冷凍空調システムであるが、上述以外でも多岐にわたって重要な役割を果たしている。

　本稿では主に近代の艦船において、冷凍空調技術が果たしてきた事績や発展について述べるとともに、艦船での冷凍空調技術の発展が現在の冷凍空調技術に大きな影響を与え、今日ではさまざまな分野において活かされていることについて述べる。

冷凍空調技術に関する史的概要

　艦船における冷凍空調の歴史を述べる前に、冷凍空調技術の史的概要を整理しておく。

　冷凍空調に関する歴史は古く、古代より国内外において天然の冷熱利用（天然氷、放射冷却による冷却など）は行われてきたが、人工的に冷熱を作るという技術は、1824年、サディ・カルノー（フランスの物理学者、軍人）が導き出した「カルノーの定理」で幕を開ける。この定理は「熱力学第二法則」の原型定理であり「火の動力およびこの動力を発生させるに適した機関についての考察」（1824年）に記されている。カルノーが世を去った後の1850～1851年、ドイツのルドルフ・クラウジウスと英国のケルヴィン卿（ウィリアム・トムソン）が「カルノーの定理」の理論的証明を行い「熱力学第二法則」が確立した。あらゆる熱機関の中で最大の効率

図1 冷凍サイクルの原理

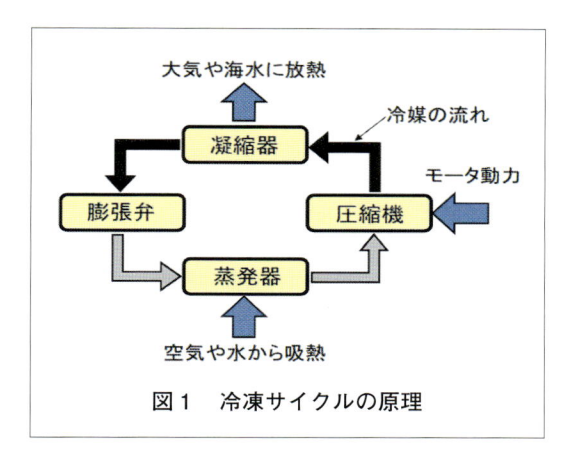

となる理想的熱機関サイクルのことを「カルノーサイクル」と呼び、その逆のサイクルのことを「逆カルノーサイクル」と呼んでいる。前者は動力を発生させる熱機関のサイクルであり、後者は冷凍機＝ヒートポンプのサイクルである。

冷凍機＝ヒートポンプのサイクルである「逆カルノーサイクル」は、図1に示すように、圧縮機、凝縮器（液化器）、膨張弁、蒸発器から構成される閉サイクルであり、その閉サイクル中では、フロン、アンモニア（NH_3）、二酸化炭素（CO_2）などの冷媒が、圧縮昇圧⇒凝縮液化⇒減圧膨張⇒蒸発気化という相変化を繰り返しながら循環する。それにより「熱を低いレベルから高いレベルに移動させる」ことが行われるが、その際、蒸発器での冷熱を使用すれば冷凍機となり、凝縮器での温熱を使用すればヒートポンプとなる。

「逆カルノーサイクル理論（冷凍サイクル理論）」確立以降の技術発展は、第二次産業革命の時期と相俟って目覚ましいものがあり、1866年に米国のローウェが二酸化炭素（CO_2）冷凍機を製作して製氷に成功した後、1886年にドイツのヴィントハウゼンが二酸化炭素（CO_2）冷凍機の実用化に成功、1872年に米国のディヴィッド・ボイルがアンモニア（NH_3）冷凍機を完成するなど、19世紀後半期に冷熱技術の基礎が確立した。空気調和分野では、1902年、米国のウィリス・キャリアが「冷却減湿法による温度湿度制御」を発明し、これが現代空気調和技術の嚆矢となった。

このように、19世紀後半から20世紀初頭の期間において冷凍空調分野の技術は実用化段階に至り、急速に普及していった。近代から現代に至るまでの間において、冷凍装置の形式や使用する冷媒は技術発展に伴い変遷している。これらの歴史的な変遷を表1に示す。

艦船用冷凍機

(1) 明治期の艦船用冷凍機

欧米を中心に19世紀後半から20世紀初頭で冷凍空調技術の基礎が築かれ、急速に実用化していった背景は前章で述べたが、その時期のわが国は明治政府による急速な近代化の時代であり、海外技術の導入と国産化が行われ始めた時期でもあった。欧米においては、1872（明治5）年にアンモニア（NH_3）冷凍機が完成し、1886（明治19）年には二酸化炭素（CO_2）冷凍機が完成している。

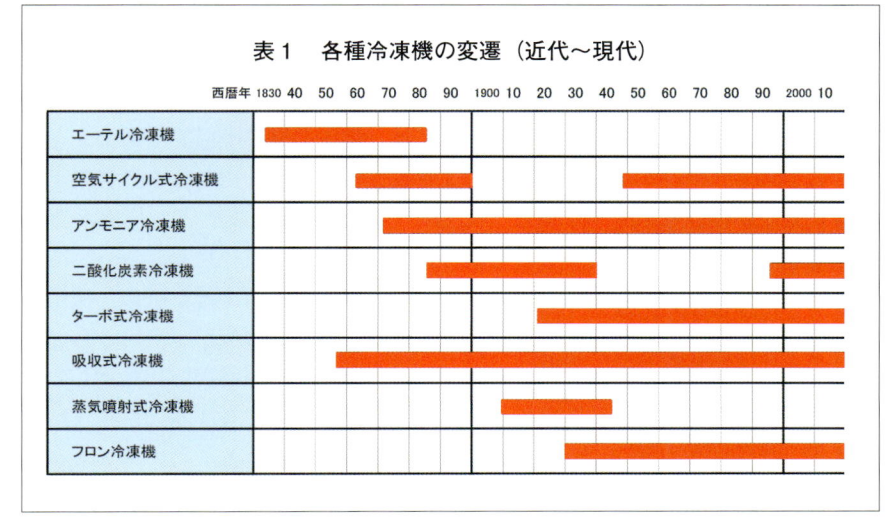

表1 各種冷凍機の変遷（近代～現代）

アンモニア（NH₃）冷凍機は主に陸上用の製氷工場や冷蔵倉庫に使用され、二酸化炭素（CO₂）冷凍機は艦船など船舶用に使用された。

日本海軍では、明治期後半から主として二酸化炭素（CO₂）などを冷媒とした冷凍機を艦船に搭載している。二酸化炭素（CO₂）が艦船用冷凍機の冷媒として多く用いられたのは、物性的に不活性であり、毒性がないことが大きな理由であったと考えられる。そのような利点を有する二酸化炭素（CO₂）は、反面、飽和圧力が極めて高いため、圧縮機や機器類の強度を高める必要があり、重量は重く、コストは割高となる傾向があった。

さて冷凍機についての呼称であるが、日本海軍では1945（昭和20）年まで、冷蔵庫用の冷凍機のことを「製氷機」、弾薬庫や司令室冷房用の冷凍機のことを「冷却機」と呼び、用途や温度レベルにより区別していた。「製氷機」を搭載した日本海軍艦船の初期と考えられるものとしては、1904（明治37）年～1905（明治38）年の日露戦争において、連合艦隊旗艦として活躍した敷島型戦艦四番艦の「三笠」がある。戦艦「三笠」は英国のヴィッカース社に発注して建造され、1902（明治35）年に就役した戦艦であるが、この旗艦には1RT（1冷凍トン：3.9kW）の空気サイクル式冷凍機が搭載されていた。空気サイクル式冷凍機は、フロン、アンモニア（NH₃）、二酸化炭素（CO₂）などの冷媒を使用する図1の「逆カルノーサイクル」とは異なり「ガス動力サイクル」を逆向きに運転する「ガス冷凍サイクル」（「逆ブレイトンサイクル」）である。

すなわち、空気を圧縮した後に減圧膨張させることで低温を得る方法である。空気サイクル式冷凍機は20世紀初頭以降に衰退したが、第二次世界大戦後にジェット機が開発されてから性能を向上させて復活し、現在では航空機の機内空調用や、－50～－100℃の超低温冷凍分野などの特殊用途に使用されている。

ところで、明治期後半の1908（明治41）年以降、世界の艦船に冷凍機の搭載が急速に普及する大きな契機となった重大事故がフランス海軍で起きた。それは、1902（明治35）年に就役したフランス海軍戦艦「イエナ（Jena）」が、1907（明治40）年にフランス第一の軍港であるツーロンにドック入りした際、弾薬庫内での爆発により爆沈するという事故である。

これは調査の結果、自然誘爆によるものと判明した。この結果を受けて弾薬庫冷房の重要性が認識され世界的に普及していったが、1911（明治44）年、同じくフランス海軍戦艦「リベルテ（Liberte）」が再びツーロンにて同様の爆発で爆沈している。これ以降、弾薬庫冷房は必要不可欠なものとなっていく。米国海軍では、1908（明治41）年、メイン級戦艦三番艦である戦艦「オハイオ（Ohio）」に、弾薬庫冷房用の冷凍機を搭載している。

同時期の日本海軍も迅速に対応し、1910（明治43）年に就役した最初の国産戦艦「薩摩」に「製氷機」2基、「冷却機」2基を搭載した。戦艦「薩摩」に搭載された「製氷機」と「冷却機」は定かではないが、英国ホール社製の二酸化炭素（CO₂）冷凍機であると推測される。その後の1912（明治45）年には、装甲巡洋艦「出雲」〔1900（明治33）年就役〕に、ドイツのリンデ社製、フランスのルブラン社製の冷凍機を併設して、ホール社製の冷凍機との比較検討を行っている。

ちなみにルブラン社製の冷凍機は1910（明治43）年に開発された蒸気噴射式冷凍機で、冷却原理としては、高圧蒸気を噴射してエゼクター効果により真空状態を作り出し、この真空下で水（H₂O）を蒸発させることにより冷水を得るという方式である。二酸化炭素（CO₂）冷凍機に加えて、蒸気噴射式冷凍機が艦船に採用されたのは、艦内では高圧蒸気が主機用として用いられており、技師がその取扱いに熟達していたこと、そして冷媒が水（H₂O）であったことが背景にあると考えられる。この蒸気噴射式冷凍機は、1911（明治44）年に日本国内の造船

会社がルブラン社と技術提携を行い、1914（大正3）年から国内生産を開始した。

わが国の明治期の艦船においては、英国製の冷凍機をはじめとして欧州製の幾つかの方式の冷凍機が採用されており、それらの冷凍機は主な役割として、艦船内弾薬庫の自然誘爆防止用の空調温度制御を行っていた。

(2) 大正期の艦船用冷凍機

大正期に入りわが国の産業は、重化学工業をはじめとして各種工業分野が大きく発展していく。冷凍空調分野機器の国産化も進み、国内冷凍機メーカーは艦船に冷凍機を納入していった。艦船内弾薬庫冷房の「冷却機」には、主として二酸化炭素（CO_2）冷凍機と、国産化されたルブラン社製蒸気噴射式冷凍機が搭載された。また冷蔵庫用冷凍機である「製氷機」や潜水艦用「冷却機」には、すべて二酸化炭素（CO_2）冷凍機が搭載された。

1913（大正2）年、英国のヴィッカース社で建造された最後の海外製戦艦である巡洋戦艦「金剛」（昭和期の2度の改装により高速戦艦となる）には「冷却機」「製氷機」ともに英国のホール社製の二酸化炭素（CO_2）冷凍機（47馬力）が搭載された。そして、1919（大正8）年以降の艦船には、ホール社から製造権を取得した国内製鋼会社による国産品が搭載された。国産化された二酸化炭素（CO_2）冷凍機のシステムフローを図2[2)]に示す。

一方、日本海軍は、1905（明治38）年に「ホランド級潜水艦」を竣工させて以降、潜水艦の建造に乗り出しているが、1922（大正11）年に竣工した「呂号第57潜水艦（竣工時名称は「第46潜水艦」）」には、電池室の冷却用に二酸化炭素（CO_2）冷凍機（冷却能力＝23.5kW）を搭載するなど、この時期から潜水艦用へ冷凍機の搭載を開始している。

そして、大正期の日本海軍艦船では、外洋作戦行動に対応するために食糧保存用冷蔵庫を作る必要が生じ、改装工事を行って各艦船内に冷蔵庫を作っている。吉田俊雄氏（海軍参謀中佐）は自著の中で「第一次大戦に参戦し、オーストラリア、ニュージーランドから地中海に広がる戦場を駆け回らねばならなくなった。当然、行動期間が長くなる。すると、生糧品保管のために、艦船を改造して大仕掛けの冷蔵庫を作らないと、作戦を続けられなくなることが分かり、大急ぎで改装工事にかかった」（参考文献10から引用）と述べている。

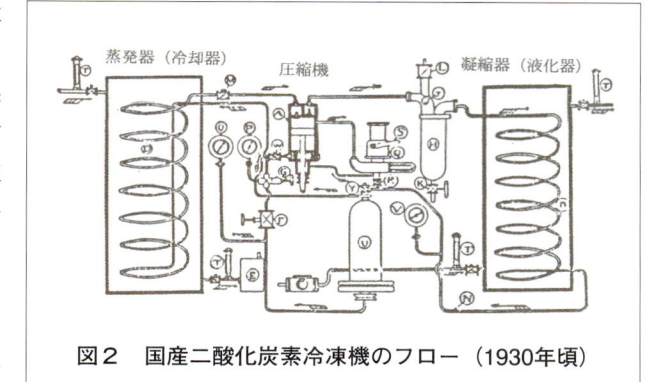

このことから、わが国が日英同盟に基づき連合国陣営で参戦した第一次世界大戦〔1914（大正3）年～1918（大正7）年〕以降、食糧保存用の冷蔵庫が艦船に急増していったことが読み取れる。さらに、詳細は後の項で述べるが、1924（大正13）年には大規模な冷凍冷蔵庫を保有した連合艦隊随伴用給糧艦である「間宮」が竣工しており、大正期から日本海軍においては、空調用途の冷凍機に加えて、食糧保存用の冷凍冷蔵用冷凍機が増えていった様子を知ることができる。

大正期は、艦船、冷凍機ともに国産化が進み、また艦船内での冷凍機の需要がさまざまな用途で拡大していった時代である。

(3) 昭和期（昭和20年迄）の艦船用冷凍機

昭和期になると、国内冷凍機メーカーによる冷凍機の開発と生産が進み、図3[11)]〔1935（昭和10）年頃の堅型二気筒レシプロ圧縮機〕に示すような国産冷凍機（圧縮機）の生産が伸びて

図2　国産二酸化炭素冷凍機のフロー（1930年頃）

図3　竪型二気筒レシプロ圧縮機（1935年頃）

図4　国産初のターボ冷凍機（1930年）

いった。大型機としては1930（昭和5）年に国産初のターボ冷凍機が完成し（**図4**[2]参照）、1934（昭和9）年には中小型機としてメチルクロライド（CH_3Cl）を冷媒に使用した冷凍機が完成した。これらは次第に艦船用に採用されるようになった。国産のメチルクロライド（CH_3Cl）冷凍機は1936（昭和11）年以降、艦船用に「製氷機」として搭載されていったと考えられる。

日本海軍の潜水艦においては、1932（昭和7）年に就役した「伊号第165潜水艦（海大5型）」の前後部に冷気機が搭載され、その後の「海大型」と「巡潜型」にはすべて冷気機が搭載された。潜水艦用の「冷却機」には、当初は二酸化炭素（CO_2）冷凍機が搭載され、その後、メチルクロライド（CH_3Cl）冷凍機が搭載され、最終的にはフロンを冷媒としたフロン冷凍機の搭載へと変遷していく。フロン冷凍機が潜水艦に一早く採用された理由は、フロンは二酸化炭素（CO_2）よりも飽和圧力が低く、メチルクロライド（CH_3Cl）のような可燃性と毒性がなく、しかも冷凍機が小型になるという利点があったためである。

今日のわれわれの日常生活では欠くことのできないエアコンや、ビル空調用など多方面の用途に使用されているフロン（化合物名称：フルオロカーボン）は、米国のゼネラルモーターズ社（GM社）の技術者であるトーマス・ミッジリーらにより1928（昭和3）年に開発された。フロンは不燃性で化学的に安定し、凝縮液化と蒸発気化を行い易く、冷凍機の冷媒としては理想的であった。

1930（昭和5）年、米国において「フレオン」という名称で、CFC（クロロフルオロカーボン）系フロンであるR11とR12の生産販売が開始された。わが国においては、1935（昭和10）年、国内メーカーがフロンの生産に成功している。フロン国産化の成功を受けて、1939（昭和14）年、日本海軍は「伊号第171潜水艦（海大6型a）」に搭載されていた二酸化炭素（CO_2）冷凍機を20馬力のフロン冷凍機に換装し、実証試験を行った。試験結果は良好であり、これを以って、1942（昭和17）年以降、潜水艦用にはフロン冷凍機を搭載することが標準となった。

一方、ターボ冷凍機は1930（昭和5）年に国産機で初の完成以降、工業用と一般建築用を中心に国内での生産高が増加し、1937～1938（昭和12～13）年にピークを迎えている。メチレンクロライド（CH_2Cl_2）を冷媒とするターボ冷凍機が日本海軍艦船に最初に採用されたのは、1940（昭和15）年、御召艦であった戦艦「比叡」の第二次改装時である。そして、1941（昭和16）年就役の戦艦「大和」、1942（昭和17）年就役の戦艦「武蔵」には、50RT（50冷凍トン＝193kW）のターボ冷凍機が各々4基搭載された。「大和」と「武蔵」のターボ冷凍機は主

表2 冷蔵庫容積および製氷機能力比較表（平賀譲資料より）

庫名	艦名 庫内温度	戦艦			航空母艦			巡洋艦		
		長門	日向	扶桑	龍驤	大鯨	蒼龍	妙高	熊野	高雄
士官冷蔵庫（m³）	−4℃	8.0			11.52	15.16	28.8		8.65	11.0
野菜庫（m³）	+2℃	9.7	12.15	13.33	10.84	37.07	36.2	6.22	21.6	18.9
獣肉庫（m³） 第一	−4℃	51.6	36.72	35.91	21.04	14.70	14.70	38.33	18.6	47.2
第二						20.46	15.58		20.6	
魚肉庫（m³）	−1℃	23.8	11.00	13.11	14.92	14.16	25.8	11.10	10.0	12.9
氷庫（m³）	−3℃	2.7	2.6	3.93	2.97	2.58	4.0	3.26	3.3	2.05
庫容積合計（m³）		95.8	62.47	66.28	61.29	104.13	125.08	58.91	82.75	92.05
製氷機能力（BTU）		90,000	80,000	100,000	60,000	92,000	100,000	60,000	80,000	60,000
原単位(BTU/庫容積m³)		939	1,280	1,509	979	884	800	1,019	967	652
原単位(kW/庫容積m³)		0.275	0.375	0.442	0.287	0.259	0.234	0.298	0.283	0.191

に弾薬庫の誘爆防止と弾薬性能維持が主目的であったが、冷凍機の能力に余裕のある時には居住区に冷房が行われた。

さて、日本海軍の艦船に搭載されていた冷凍機の能力や冷蔵庫の容積や温度などについては、詳細を知ることが困難であったが、近年、一般公開されている平賀譲氏（海軍造船中将、東京帝大総長）の資料集「平賀譲デジタルアーカイブ」により、航空母艦、戦艦、巡洋艦における数値の一端を知ることができた。

表2[12]に資料「冷蔵庫容積及製氷機能力比較表」をまとめなおしたものを引用掲載する。この資料から、当時の艦船内の冷蔵庫では、相当量の野菜、肉、魚、氷が積載されており、保管温度も今日のわれわれの日常生活で使用する冷蔵庫温度帯とほとんど同レベルであることが分かる。また冷蔵庫の容積に対する冷凍機能力、すなわち冷凍能力の原単位が算出・比較されており、当時の艦船用冷蔵庫と冷凍機の設計概要が理解できる。原単位を算出することにより、次に建造する艦船内冷蔵庫の設計指針としたものと考察される。

以上が1945（昭和20）年迄の戦艦や潜水艦など、主力艦における冷凍空調史の概要である。

冷凍冷蔵機能を備えた給糧艦

日本海軍では、明治期から戦艦や潜水艦において冷凍空調設備を搭載する必要性が出てきたこと、そして大正期からは、それに加えて食糧供給用の冷凍冷蔵設備の必要性が出てきたことを前項において述べた。大正末期の1924（大正13）年には、連合艦隊随伴用給糧艦である「間宮」が竣工しており、この艦には18,000人の3週間分の食糧を保存できる冷凍冷蔵庫を保有していた。

この冷凍機は二酸化炭素（CO_2）冷凍機と考えられる。そして、艦内では食糧品保存だけではなく、ラムネ、アイスクリーム、最中、饅頭、豆腐などの加工食品を製造することも可能であった。就役当時の「間宮」は世界最大の給糧艦であり、平時ならびに戦時において活躍した艦である。ただ「間宮」一隻では日本海軍全艦船の活動を支援することは不可能であり、また昭和期に入り日本海軍の行動範囲が拡がるに連れて「間宮」以外の給糧艦が必要になったことから、1941（昭和16）年には給糧艦「伊良湖」が竣工した。「伊良湖」の食糧補給能力は、25,000人に14日分であった。

「間宮」や「伊良湖」は多種類の食糧を積載する給糧艦であったが、1938（昭和13）年頃、冷凍食品や生鮮食糧品の保存運搬ならびに漁場で魚を調達して、冷凍後に艦隊にそれを供給するという目的に特化した中型冷凍専用船の建造要求が出てきた。この要求に応えるべく、1940（昭和15）年〜1943（昭和18）年に「杵埼型給糧艦」4隻（「杵埼」「早埼」「白埼」「荒埼」）が竣工した。一番艦の「杵埼」は実験的な要素をもって建造された艦船で、1942（昭和17）年に特務艦となり、その後「早埼」「白埼」「荒埼」の3隻が1942（昭和17）年〜1943（昭和18）年にかけて特務艦として竣工した。これら4隻の「杵埼型給糧艦」には二酸化炭素（CO_2）冷凍機（5.8kWの冷凍能力機が2基）が搭載されて

おり、艦内部には食肉庫、果物庫、魚肉庫、野菜庫、氷庫などが設けられていた。

今日の冷凍空調分野への展開

艦船においての冷凍空調史を振り返ると、わが国は、20世紀初頭から半世紀にも満たない短期間で、高度な冷凍空調装置の技術開発と実用化を成し遂げた。本稿では主題から外れるので述べていないが、同時期の陸上における産業用や民生用の冷凍空調技術も同様に長足の進歩を遂げている。

第二次世界大戦後には、わが国はそれまでに培った艦船用ならびに陸上用の冷凍空調技術を産業用や民生用に活かし、戦後の高度経済成長の一端を担うことに努めた。その結果、わが国の今日の冷凍空調産業は飛躍的に成長し、世界トップレベルとなった。

今日、フロン冷凍機は、世界の艦船の冷凍空調装置で採用されており、また家庭用エアコン～大規模建築物の空調をはじめ、さまざまな分野で使用され、ターボ冷凍機も冷媒がフロンとなり、非常に高性能化されて産業用や大規模建築物の空調用に使用されている。

一方、フロンの発明以前に日本海軍で多く用いられた二酸化炭素（CO_2）冷媒は、第二次世界大戦後、フロンやアンモニア（NH_3）に取って代わられていたが、1990年代からオゾン層保護や地球温暖化防止の観点から見直されはじめ、21世紀に入り、わが国では高温給湯用ヒートポンプ「エコキュート」や、冷凍冷蔵食品販売用のショーケース用冷凍機として普及している。

そしてアンモニア（NH_3）冷媒を使用した冷凍装置は、オゾン層保護や地球温暖化防止の観点から、また、すべての冷媒中で最も高性能な特性を有することから、自然冷媒の筆頭として、冷凍冷蔵倉庫や産業用冷凍装置などの低温分野を中心に幅広く世界中に普及している。

おわりに

冷凍空調技術の歴史をひもといていくと、必ず艦船における冷凍空調技術の発展が目に留まる。しかしながら、それについて専門に書かれた文献などが少ないのが現状である。筆者は冷凍空調分野の設計や開発に従事する技術者であるが、「艦船における冷凍空調史」の概要があまり存在しないのであれば、自ら調べてまとめておこうと作成したのが本稿である。艦船における冷凍空調技術は、艦船の歴史とともに築き上げられ、今日の艦船のさまざまな分野で活かされていることをご認識いただければ幸いである。

参考文献
1）高林武彦：「熱学史」、海鳴社.
2）井上宇市：「冷凍空調史」、日本冷凍空調設備工業連合会.
3）「日本冷凍史」：日本冷凍空調学会.
4）「冷媒圧縮機」：日本冷凍空調学会.
5）サディ・カルノー著、広重 徹訳：「カルノー・熱機関の研究」、みすず書房.
6）日本冷凍空調工業会編：「ヒートポンプの実用性能と可能性」、日刊工業新聞社.
7）神戸雅範：「ヒートポンプ技術の歴史（前編）」、エレクトロヒート、NO201、2015.
8）神戸雅範：「ヒートポンプ技術の歴史（後編）」、エレクトロヒート、NO202、2015.
9）多賀一史：「写真集日本海軍艦艇ハンドブック」、PHP文庫.
10）吉田俊雄：「日本海軍のこころ」、P259 "第六章 厨房からの報告"、文春文庫.
11）「竪型二気筒レシプロ圧縮機の写真」：前川製作所.
12）平賀譲：「冷蔵庫容積及製氷機能力比較表」、"平賀譲デジタルアーカイブ"、東京大学附属図書館および東京大学情報基盤センター、 http://gazo.dl.itc.u-tokyo.ac.jp/hiraga2/show?id=10260101
13）福井静夫：「写真日本海軍全艦艇史」、KKベストセラーズ
14）寺崎隆治ら：「補助艦艇奮戦記 縁の下の力持ち支援艦艇の全貌と戦場の実情」、潮書房光人社.
15）福井静夫：「福井静夫著作集－軍艦七十五年回想記第十巻 日本補助艦艇物語」、潮書房光人社.
16）「世界の艦船」No.522 増刊第47集 1997「日本海軍特務艦船史」、海人社.

雑学！ミリテク広場

今月のテーマ
北朝鮮の電磁パルス攻撃と超EMP兵器

米国上空での高高度核爆発の状況のイメージ図、背後の写真は敬礼している北朝鮮金委員長[1]

文責／本誌編集部

北朝鮮の電磁パルス攻撃とHEMP

2017年9月3日、北朝鮮労働新聞が水爆開発の完全成功の報道に合わせ、核爆発の電磁パルス（Electromagnetic Pulse: EMP）攻撃で日本や米国の社会インフラを広域的に破壊（使用不能）できると言及したことで、わが国の新聞、TV、インターネット等の各種メディアに大きく取り上げられている。

この電磁パルス攻撃は、地表面や空中での核爆発で生じるEMPではなく、大気圏外の高高度（30km〜400km）で爆発させた時に発生するEMPを指しており、HEMP（High-altitude Electromagnetic Pulse）と呼ばれている。HEMPが照射された地上では最大50kV/mの電界強度が発生するといわれている。最大50kV/mの電界強度とは10cmの長さのアンテナに5,000Vの電圧が生じるものであり、一般的な家庭用電子レンジの中にマイクロ波により生じる最大の電界強度は25kV/m程度であり「電子レンジの中に金属製品を入れたら放電した」とか、YouTube等の動画で「スマートフォンを入れたら壊れた」など、最大50kV/mに達するHEMPの電界強度の電子機器への影響は感覚的に理解できると思われる。

また高高度での核爆発は大気圏外であるため、空気層がないので爆発による衝撃波が地上まで到達せず、熱線や放射線も途中の大気層でかなり減衰されるので、人間を直接、殺傷させるものではない。しかし、図1に示すように大気圏外の核爆発により生じたγ線が上層の大気

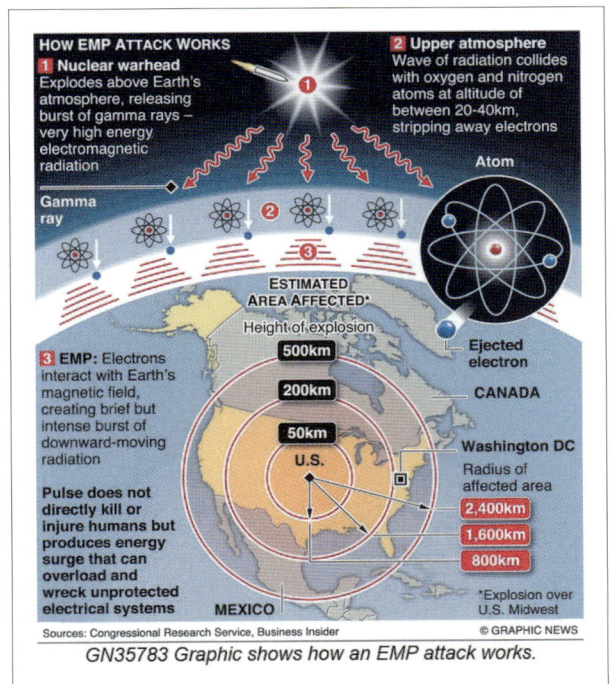

図1 電磁パルス攻撃におけるHEMPの発生機構[2]

33

図2 電磁パルス攻撃を受けたイメージ図[3]

層（高度20〜40km）の酸素や窒素の原子に衝突して散乱することで、生じるコンプトン電子が地球の磁場の影響で螺旋回転することで強力なEMPが生じるものであり、図1のように極めて広範囲に照射され、地上の電子機器を内蔵するものすべてに障害や損傷を与えるといわれている。

特に電力供給ラインに広範囲かつ甚大な障害を与えるため、社会インフラ全体が停止する状態に陥る可能性があり、米国ではBlack Outを起こす重大な脅威として国民の間に認識ができている。図2に電磁パルス攻撃を受けて、高圧送電線が損傷し自動車や列車が停止した状況のイメージ図を示す。

Smile Diagram

米国の報道では北朝鮮のHEMPの攻撃に対する影響度をEMP Cover's Attack Simulatorを使用して地上に発生する電界強度分布を色別表示したSmile Diagramと呼ばれる影響図をよく使用している。図3は中規模クラスの核弾頭（推定10キロトンクラス）がワシントンD.C.上空約50kmで爆発した例（半径約800km）、図4はマルチメガトン級の核弾頭がワシントンD.C.上空約400kmで爆発した例（半径約2,200km）を示している。Smile diagramから分かるように、爆発点直下（ここではワシントンD.C.）での電界強度は最大にならず、南側に最大ピーク電界強度が生じ、す

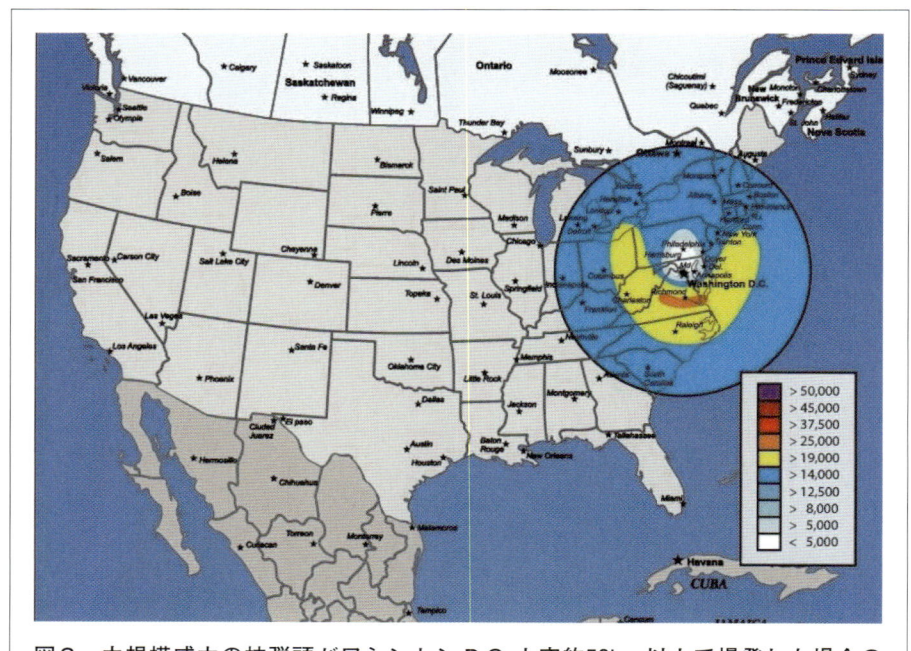

図3 中規模威力の核弾頭がワシントンD.C.上空約50km以上で爆発した場合のSmile Diagramの一例[4]

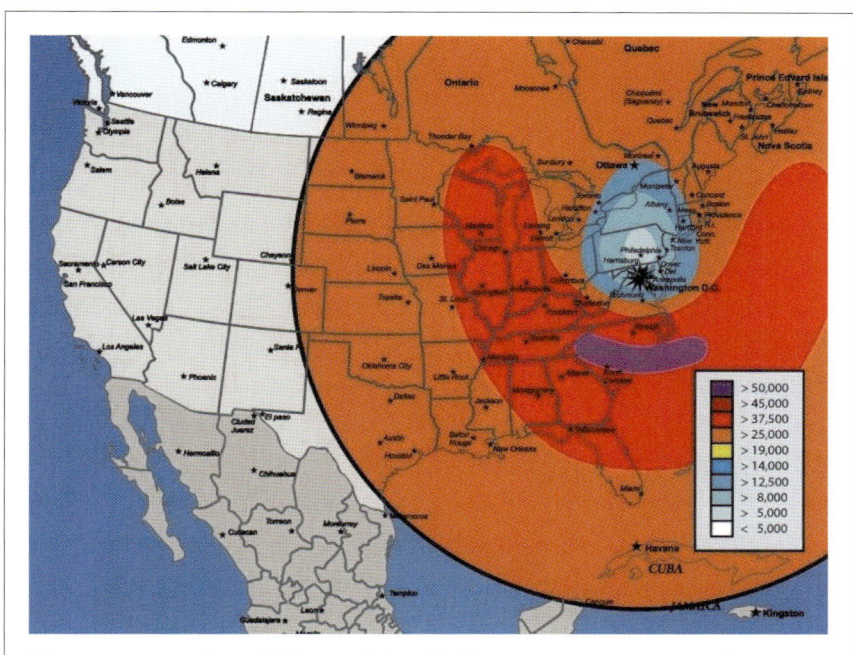

図4 マルチメガトン規模の大威力の核弾頭がワシントンD.C.上空約400km以上で爆発した場合のSmile Diagramの一例[4]

図5 首都圏上空での爆発規模が10キロトンの場合の影響図[5]

ぐ北側に電界強度が最小になる地域があることが分かる(前提は北半球の場合で、南半球の場合はその逆になる)。

また使用する核爆弾の威力により、電界強度が異なってくることが理解できる。HEMPのピーク最大電界強度はITU-TやIEC等の国際規格で50,000V/mと規定されているが、図3の中規模クラスの核弾頭の例では、ピーク電界強度が必ずしも50,000V/mとはならず、オレンジ色のピーク値でも25,000V/mであり、青色の外周部では14,000V/mに減少することが分かる。わが国のマスコミで報道された図5に示されるような影響図は、爆発規模10キロトンと記載があるが、実際は爆発高度に応じて地上にHEMPが到達する範囲を示しているだけであり、どの程度の影響を与えるかはEMP Cover's Attack Simulator等を使用して、Smile Diagramを作成しないと理解できないと思われる。

超 EMP 核兵器とは

　北朝鮮は9月3日の報道の中で今回開発した水爆（約160キロトン：広島型原爆の10倍以上の威力で開発中のICBMに搭載可能）について「強大な殺傷・破壊力を発揮させるだけでなく、戦略的目的に応じて高空で爆発させ、広大な地域への超強力な EMP 攻撃まで加えることのできる多機能化された熱核弾頭だ」と強調した。米国では、以前から北朝鮮が米国に対して EMP 攻撃をするシナリオが検討されており、その中で通常の核弾頭でなく、EMP 攻撃に特化した超 EMP 核兵器を開発した可能性があることが指摘されている。

　高高度核爆発で発生する HEMP は、爆発高度、周辺地磁気の強度、核爆発により生ずる γ 線のエネルギー量により強度が決定されるといわれている。核爆発により生ずる γ 線のエネルギー量に注目すれば、通常型の核爆弾が爆発した時、放出される γ 線のエネルギー量は全エネルギーの0.1%～0.5%といわれているが、もし、この効率を上げて1桁か2桁以上、上げることができれば、極めて強力な HEMP の発生が可能になる。

　このような発想に基づき、γ 線の発生エネルギー量を高めた構造を有する核兵器を超 EMP 核兵器（Super EMP nuclear weapon）と呼ぶ。超 EMP 兵器は E1-HEMP を発生させる γ 線を効率的に発生させるように設計された1～10kt程度の小型核弾頭であるが、地上面で発生するE1-HEMP のピークの電界強度の値は、最大で200kV/m、最低で50kV/mであり[6]、通常の核爆弾により発生する HEMP の最大の電界強度の値50kV/mを大幅に上回る性能を有するといわれている。米国の Jerry Emanuelson 氏が執筆した Super-EMP Weapons[7] の中に米国大陸の中心、上空250mil（400km）で爆発させた場合、米国大陸全体で25kV/mの電界強度を超える超 EMP 兵器は簡単に作り出せるとの記載がある。

北朝鮮による超 EMP 兵器[6]～[12]

　2004年に米国議会 EMP 委員会メンバーに対して戦略専門家の2人のロシア軍将軍から「ロシアは超 EMP 弾頭を保有しており、その専門家等と超 EMP 兵器の設計情報が北朝鮮に漏洩した」との情報提供があり、同年の米国議会EMP 委員会で「北朝鮮が2～3年以内に超EMP 兵器を開発する」と警告した。その後、2006年に北朝鮮は超 EMP 核兵器の疑いのある3kt規模の核兵器の最初の実験を実施した。米国の専門家からは実験は失敗とのコメントがあった。2009年にも同種の核実験が行われ、その後、2011年に米国国防情報局（DIA）長官が上院軍事委員会で「北朝鮮が弾道ミサイルに核爆弾を弾頭化した」ことを証言した。じ後、北朝鮮は弾道ミサイルに核弾頭の搭載を進めている。

　2012年以降、米国では北朝鮮による米国本土48州を EMP 攻撃できる高度500kmの部分軌道爆撃システムFOBS（Fractional Orbital Bombardment System）や潜水艦や貨物船等から発射する小型の弾道ミサイルによる電磁パルス攻撃の可能性について、米国の政府筋からの証言やマスコミ報道がなされている。これまで北朝鮮からは「開発した核弾頭が超 EMP 兵器である」との公式な発表はなかったが、今年の9月3日にICBM用核弾頭のための水爆実験（50～160kt）に成功したとの報道に合わせ、北朝鮮の報道官から「この水爆は超強力EMP（Super-Powerful EMP）攻撃も可能な多機能弾頭である」との発表を行い、北朝鮮が超EMP 兵器の保有の可能性も推測できる状況にある。

　2016年1月に行われた核実験で北朝鮮側から「水素爆弾試験が正常に行われた」との報道があったが、爆発規模が6～14kt級であったこ

とから、わが国では「水爆ではなく、ブースト型原爆の可能性が高い」との報道があった。ブースト型原爆の構造は原子爆弾の内部に液化または気化させた重水素やトリチウムを充填しておくもので「最初に原子爆弾を爆発させて、中心部で核融合を起こして、その中性子で核分裂を更に加速させる」タイプで水爆と比較して比較的容易に核融合反応が利用できるが、爆発の規模は水爆より少ないといわれている。

しかし、弾道ミサイルへの搭載を前提にした場合、小型でも通常タイプの原爆の威力を上回る十分な威力が得られるメリットがあるといわれている。ブースト型原爆は核融合燃料の量を調整することで威力を変えられる可変出力核兵器であり、設計的には中性子エネルギーへの変換効率を高めているが、中性子だけでなく、多くのγ線を発生するように構造を改良すれば、スーパーEMP兵器になる可能性がある。今回の北朝鮮の報道官から「この水爆は超強力EMP（Super-Powerful EMP）攻撃も可能な多機能弾頭である」との発表はこれを裏付けているものと推測される。

＊　　　　＊

北朝鮮の電磁パルス攻撃に関連して、わが国の政府関係からもHEMP防護の対応について検討が始まっている。HEMPの防護についての技術的な規格は、サイバー戦対応と異なり、米軍MIL規格、国際電気通信連合会ITU（International Telecommunication Union）、IEC（International Electro-technical Commission）等で標準規格化されており、政府レベルで防護する対象の選定、優先順位等を考慮し、どこにどの程度の防護対策を実施する等の施策を決定することは可能と思われる。

しかしながら、今回紹介した超EMP弾頭を北朝鮮がすでに保有しているならば、現状のHEMP防護の標準規格では不十分であり、米国との情報交換や産学官の協力による防護対応の研究等を実施する必要があると思われる。

引用文献

1） Ken Jorgustin, North Korea Super-EMP Weapon: MODERN SURVIVAL BLOG, March 11, 2013
2） GABRIELLE TAYLOR, Are your Gadgets Safe from Solar Storms and Nuclear Attacks? Wonder How to MAD SCIENCE, 09/15/2012 12:07 AM
3） GN Graphic News North Korea could cripple u. s. power grid with high-altitude EMP Blast, 09/11/2017, https://www.graphicnews.com/en/pages/35783/NORTH-KOREA-Nuclear-EMP-threat
4） GABRIELLE TAYLOR, Are your Gadgets Safe from Solar Storms and Nuclear Attacks? Wonder How to MAD SCIENCE, 09/15/2012 12:07 AM
5） BIGLOBEニュース　インフラ破壊し1年後に9割死亡「電磁パルス攻撃」の恐怖　2017.7.11
6） NTTデータ　漏洩電磁波及び侵入電磁波対策、2017年9月12日　EMP脅威（超EMP核兵器によるEMP脅威）
7） http://www.futurescience.com/emp/super-EMP.html
　　Jerry Emanuelson, Super-EMP Weapons
8） http://www.38north.org/2017/06/wgraham060217/
　　William R. Graham, North Korea Nuclear EMP Attack: An Existential Threat, June 2, 2017 308NORTH
9） http://www.futurescience.com/emp/super-EMP.html
　　Jerry Emanuelson, Super-EMP Weapons
10） ウィキペディア　ブースト型核分裂兵器
11） http://orbitalrailway.blog.fc2.com/blog-entry-106.html
　　隙間科学研究所BLOG 北朝鮮の水爆実験について～熱核兵器とブースト原爆～
12） 軍縮・不拡散促進センター小山謹二 D-T強化型原爆と水爆について、2016年2月24日

研究ノート

排熱利用による熱電変換システムの研究

和田　英男
防衛装備庁　先進技術推進センター　上席特別研究官

芳賀　将洋
防衛装備庁　長官官房装備開発官（統合装備担当）付 海上配備型誘導武器システム開発室

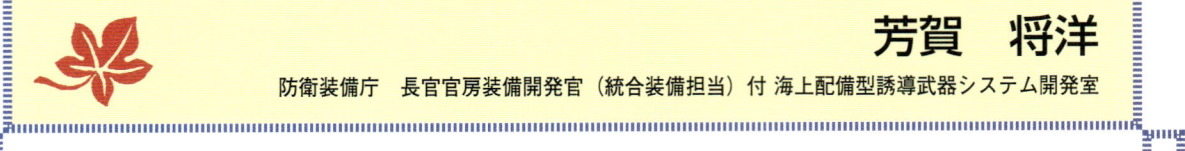

1．はじめに

2015年、パリ郊外で開催された国連気候変動枠組条約（UNFCCC）第21回締約国会合（COP21）において、2020年以降の地球温暖化対策の枠組み「パリ協定」が採択された。これは、京都議定書に代わり、史上初めて196もの国・地域が参加する新たな枠組みである。

また、この合意は1997年の京都議定書の採択以来、地球温暖化対策の「歴史的な一歩」といわれ、先進国だけを対象にしていた京都議定書とは異なり、協定に途上国や新興国も加わることで公平性が高まり、全地球を挙げた地球温暖化阻止への取り組みを推進することが期待される[1]。

国内では、国立研究開発法人 新エネルギー・産業技術総合開発機構（NEDO）が「未利用熱エネルギーの有効活用技術開発」の一環として、さまざまな環境下における未利用熱エネルギーの再利用に注目し、広域に分散した熱を有効利用する技術の基盤となる熱マネジメント技術として、熱を逃さない技術（断熱）、熱を貯める技術（蓄熱）、熱を電気に変換する技術（熱電変換）等の技術開発を一体的に行うことで、未利用熱エネルギーを経済的に回収する技術体系を確立すると同時に、その適用により自動車・住宅等の日本の主要産業競争力を強化し、社会全体のエネルギー効率を向上させるための事業を推進している。そこでは、熱電変換技術を用いて、これまで活用されずに排出されていた未利用熱エネルギーや各種排熱を電気エネルギーに直接変換し利用して、温室効果ガスの排出削減に貢献することを目指している[2]。

また民生用をターゲットに「高効率熱電変換システムの開発」等のプロジェクトを実施し、このプロジェクトに参画した企業により自主開発が継続され、商品化へのアプローチが進んでいるのが現状である。

各自衛隊においても、NCW（Network Centric Warfare）環境下においては、各種将来戦闘システムに適用する情報通信ネットワーク機器等において消費される電力所要量は増大し、所要の電力量を補充するためには、早急に電力を供

給できる、野外用電源等への適用を検討する必要があり、各種環境下において操用性がよく、高効率で小型・軽量かつ安価に電力供給できる発電手段が必要とされる。このため、防衛装備品に関しても、陸海空自衛隊の使用する装備品へ排熱利用発電を適用した場合、発電装置の小型化または蓄電容量の大容量化により、総重量ならびに容積が増大する問題点を解決することも可能であると思われる[3]。

本研究においては、再生エネルギーである排熱を熱源として利用して熱電発電モジュールにより発電を行う、熱電変換システムを仮作し、実測値とシミュレーション結果を比較するとともに、車両エンジンや発動発電機による大容量の排熱源を利用した電源システムへの適用の可能性について検討したので報告する。

2. 熱電発電の基本原理

熱電発電モジュールは、p型半導体とn型半導体から構成され、それらが一対になったπ型素子が千鳥格子に直列に配置される。熱電発電の原理を図1に示す。

π型素子上部および下部は、それぞれ導体で張り合わされているが、片側を加熱し、片側を冷却すると、n型半導体素子（電子の数が正孔より多い材料）では、高温領域の電子が活性化され、低温領域へ電子が移動して熱起電力が発生して高温側が高電位になる。

一方、p型半導体素子（正孔の数が電子よりも多い材料）では加熱されると高温領域の正孔が活性化され、低温領域に正孔が移動して熱起電力を発生して低温側が高電位となる。これにより、n型とp型半導体素子間に電流が流れるが、これをゼーベック効果といい、熱電変換が行われるメカニズムとなっている。熱電変換材料の発電性能は次式の指数Zで表される。

$$Z = \frac{S^2 \sigma}{\kappa}$$

S：ゼーベック係数（温度差1Kでの熱起電力、V/K）、σ：電気伝導率〔1/(Ω・m)〕、κ：熱伝導率〔W/(m・K)〕

また無次元発電性能指数ZTは、Zに絶対温度を乗じた値で、発電性能の指標として用いられている。

性能指数の高い、すなわち高効率の熱電変換材料とは、σおよびSが大きく、κが小さい材料である。

ここで、発電モジュールから得られる電力は、高温熱源からの熱流と熱電発電の際の温度差および素子の熱電特性から決まる効率に依存

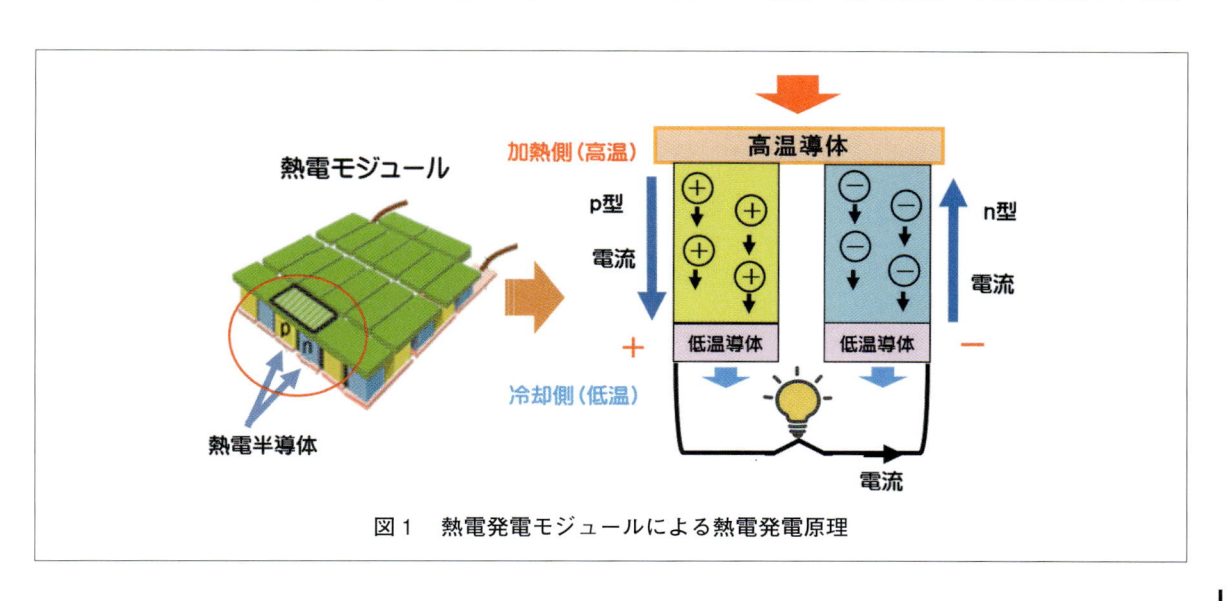

図1 熱電発電モジュールによる熱電発電原理

する。熱電発電の最大発電効率は、理想的な熱機関の指標であるカルノー効率と素子材料の物理的性質で決まる熱電変換効率の積となり、次式で与えられる[4]。

$$\eta_{max} = \frac{P}{Q} = \frac{T_h - T_c}{T_h}\left(\frac{M-1}{M+T_c/T_h}\right)$$

η_{max}：最大発電効率、P：熱源より与えられる熱量（W）、Q：電気出力（W）、T_h：高温接合部（K）、T_c（K）：低温接合部
ここで、

$$M = \sqrt{\frac{1+Z(T_h+T_c)}{2}} \qquad Z = \frac{S^2\sigma}{\kappa}$$

図2に低温接点温度を300Kに保持した場合のカルノー効率（ηc）と無次元熱電性能指数 $ZT=1.0〜5.0$ とした時の最大発電効率の高温接点温度依存性を示す。図から、無次元発電性能指数が大きくなれば、発電効率も大きくなることが分かる。現状、太陽電池効率は約10％であるが、同等の発電効率を $ZT≒1.0$ の熱電変換材料で実現するには、温度差が800K必要となる。これを600K以下で実現するには、$ZT>2.0$を満たす熱電変換材料が必要となる。

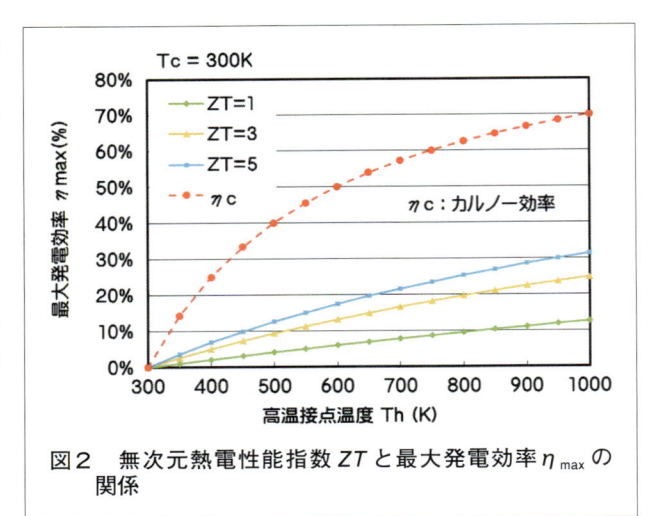

図2 無次元熱電性能指数 ZT と最大発電効率 η_{max} の関係

3．研究の概要

(1) 熱電変換システム

写真1に熱電変換システムの概観を示す。
図3には、その系統図を示す。まずヒーターを熱源として、ブロワーから一定流量で熱電発電装置に熱を加える。熱電発電モジュールで発電を行うには、熱源からの排熱を効率よく発電できる熱電発電モジュールと、熱電発電モジュールに適切な温度差を与える熱交換器の組

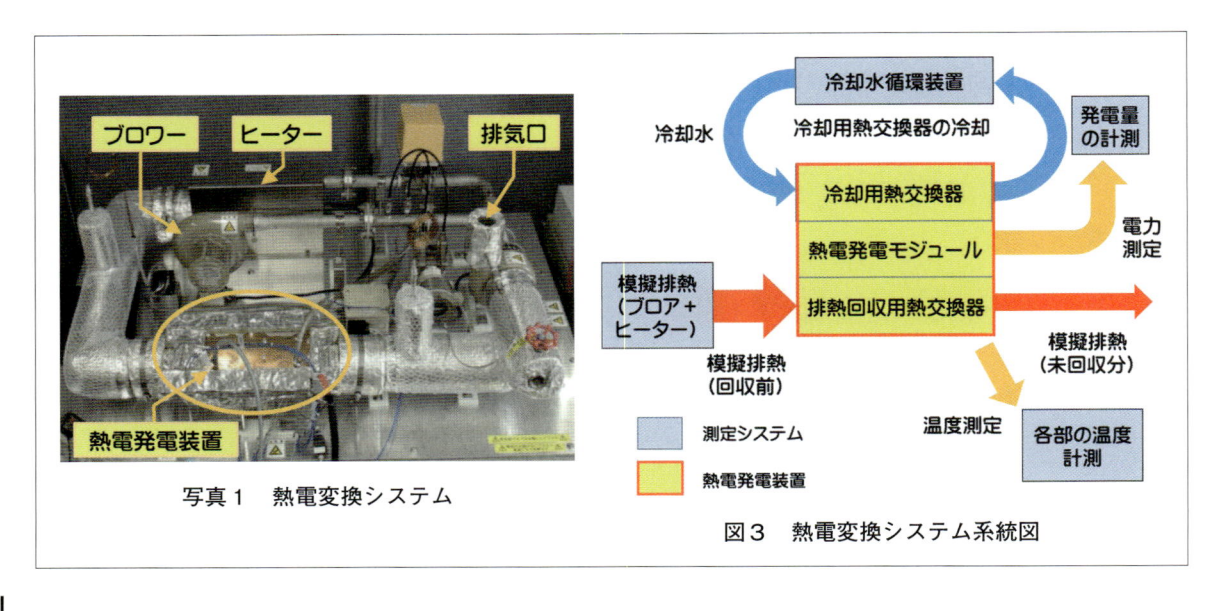

写真1 熱電変換システム

図3 熱電変換システム系統図

表1　排熱利用に適応可能な熱電発電モジュール（市販品）

	KELK社 （日本）	フェローテック （日本）	Hi-Z社 （米国）	NORD社 （ロシア）
外　観				
出力 （温度差）	24W (250K)	7.9W (125K)	13W (200K)	2.1W (125K)
発電効率 （温度差）	7.20% (250K)	約3.0% (125K)	4.50% (200K)	―
体積密度 （W/cm^2）	0.96	―	0.35	0.23
寸法（mm）	50×50×4.2	29.7×29.7×4.1	63×63×5.1	30×30×3.6
重量（g）	47	―	82	―

み合わせが必要である。本システムでは、実用の可能性のある市販の熱電発電モジュールおよび実効性がある構造の熱交換器について検討した。

(2)　熱電発電モジュールの選定

熱電発電モジュールの発電性能はモジュールを構成する熱電発電素子の物性値および動作温度に大きく依存する。現在、ビスマステルル（BiTe）系、鉛テルル（PbTe）系、コバルトアンチモン（CoSb）系、テルル化合物（TAGS）系等の材料が使用されているが、市販されている熱電発電モジュールの種類は限られており、実用的な熱電発電モジュールは、ビスマステルル系の材料で主に構成されている。

本研究では、表1に示す市販の熱電変換モジュールの中から、熱電発電効率の高いKELK社製のものを選定し、熱電変換システムに組み込むこととした。

(3)　熱電発電装置の構造

熱電発電装置の最終的な熱電発電モジュールの配列は、前段が熱電発電モジュール4個を2段2列で配置、後段において、熱電発電モジュール2個を2段1列で配置し、本研究では、高温側の熱交換器であるフィンについては、ピンフィン形状を採用した。なおピンフィンについては、ピン配列として千鳥配列と碁盤目状配列があるが、ガスの流れがピンフィン間で乱れやすいので、熱伝導率が高くなる千鳥配列とした。同様に、より多くの電気エネルギーを熱電発電モジュールから取り出すためには、加熱した熱電発電モジュールの反対側の面を冷却する必要がある。冷却方法には、大きく分けて水冷方式と空冷方式があるが、車両の排熱利用を想定し、ラジエーター等で使用する冷却水が活用できることから、熱交換器の低温側は水冷方式とした。以上の検討結果を踏まえ、仮作した熱電発電装置の構造図および概観図を図4に示す。

(4)　熱電発電装置の熱解析

熱電発電装置の熱交換器形状に対して、排熱温度を約300℃、排熱流量約50NL/minを入力した際の温度分布を熱解析シミュレーションにより実施した。その結果、熱電発電装置の入口温度266℃に対して出口温度は45.1℃、熱電発電モジュールの高温側と低温側の温度差は、最大47.4℃、最小17.1℃となった。図5に解析結果を示す。なお図5は、熱電発電モジュール配列の対称性を利用し、熱電発電モジュール配列の下側半分の解析結果を示している。

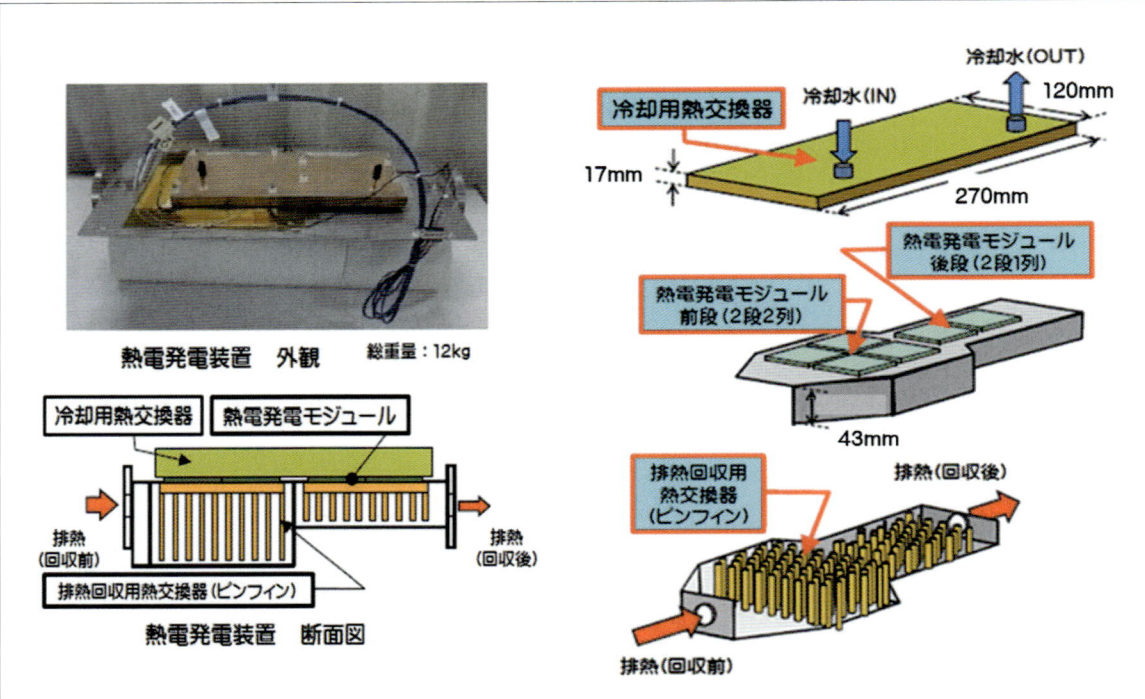

図4　熱電発電装置の構造図および概観図

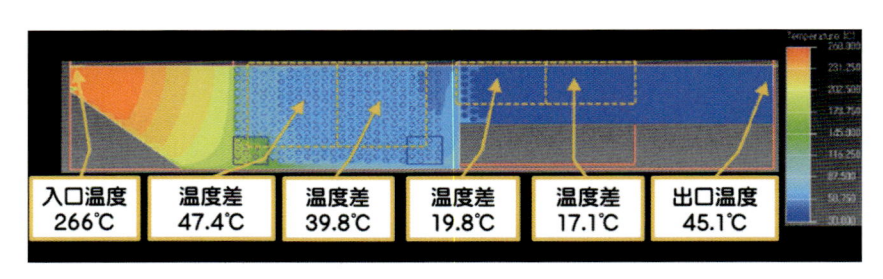

図5　熱解析シミュレーションによる熱電発電装置内の温度分布

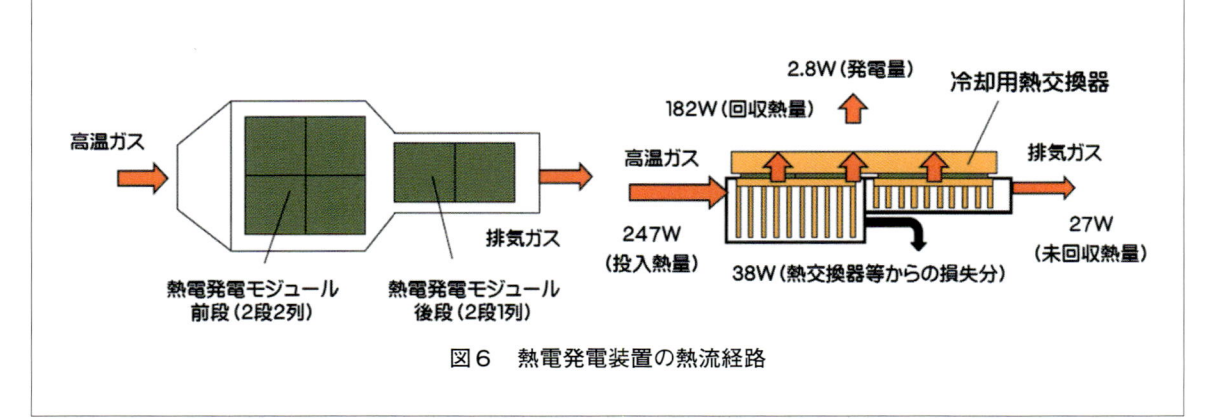

図6　熱電発電装置の熱流経路

図7 熱電発電装置の出力特性（実測値）

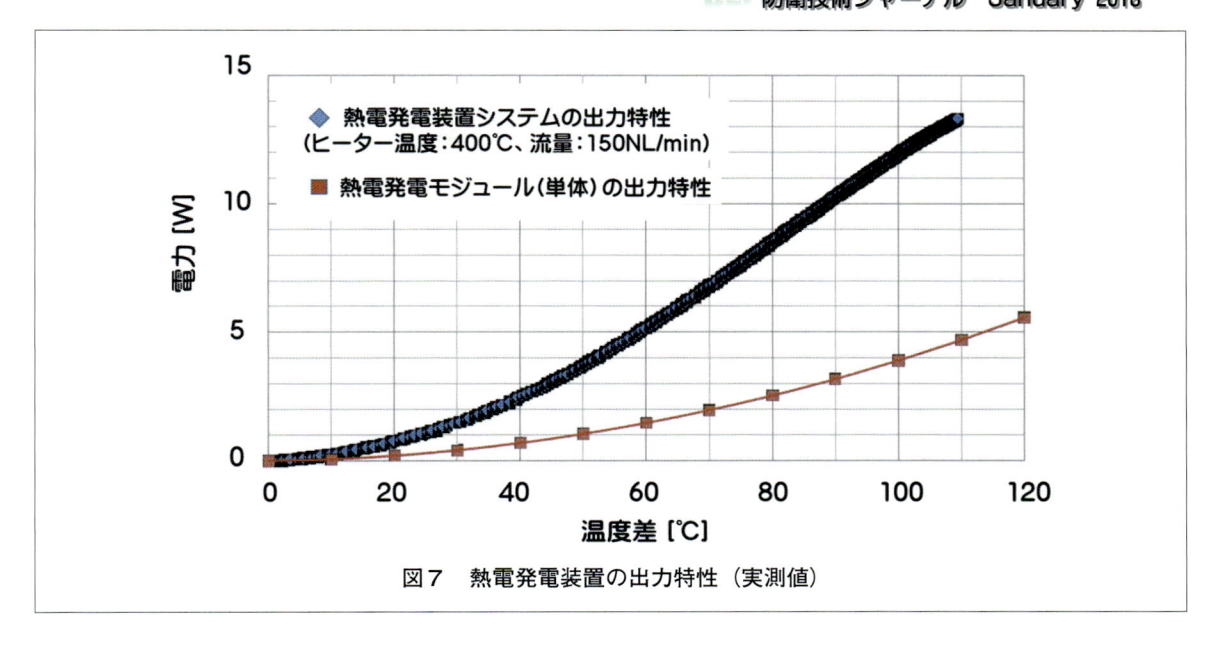

(5) 熱電発電装置の熱回収率および発電性能

図6に熱電発電装置の熱流経路を示す。計測は、熱電発電装置を熱電変換システム（写真1）に取付け、実施した。その結果、温度294℃、排熱流量49.38NL/minの投入熱流に対して、73.7％の排熱回収率、発電出力が2.8Wであることを確認した。

図7に熱電発電装置の出力特性（実測値）を示す。ここでは、熱電発電装置のシステム測定部分で発生できる限界値（ヒーター温度400℃、流量150NL/min）における温度上昇に伴う出力特性変化および熱電発電モジュールの単体出力特性を測定した。

4．結果および考察

本研究では、排熱利用方式の中でも駆動部分がなく、静音性に優れ、長寿命で信頼性が高い、優れた特徴がある熱電発電モジュールを使用することにより、排熱発電として熱電変換システムを構築し、熱解析シミュレーションと実測データを比較することにより、排熱発電システム実現の可能性を検証した。

その結果、更なる熱電変換材料および熱電発電モジュールの性能向上が望まれることが分かった。

5．今後の展望

(1) 高変換効率熱電材料

本研究において使用したBiTe系の熱電変換材料においては、$ZT=1.0$、熱電発電モジュールでは、600Kで7％の変換効率を超えることが困難であった。

国立研究開発法人 産業技術総合研究所 省エネルギー研究部門においては、ナノ構造の形成技術を用いて、熱電変換材料の焼結体のZTを1.8（550℃）まで向上させることに成功した。さらに、このMgTeナノ構造を形成したPbTe焼結体と電気的・熱的に比較的良好に接合する電極材料を開発して、熱電発電モジュールにおいて11％の変換効率（高温側600℃、低温側10℃）を実現した。この高効率熱電変換モジュールを用いることで、未利用熱エネルギーを電力へと変換して活用する道が開けると期待される[5]。

(2) エンジン排熱への応用

　本来、自動車の利用排熱温度は、400～200℃が最も排熱回収効率が高いことが知られている。本研究において用いたBiTe系熱電発電モジュールは、高温限界が250℃であることから、前述したナノ構造を駆使したPbTe系熱電材料とのハイブリッド構造の熱電発電モジュールを装着すれば、熱電変換効率が1.6～1.8倍になると期待できることから、大型車両のエンジンからの排気による排熱エネルギーを利用すれば、数100Wレベルの発電が可能となるであろう。

　今後、米国でも研究開発がなされている、APUや個人携行用の熱電発電システム等は、小規模・分散型システムに対応でき、小型・軽量で可動部がなく、振動がない長寿命で信頼性が高い直接発電方式として有効な手段であるので、排熱利用熱電発電として、他の発電システムとのハイブリッド化によって、国内でも早期に実現すると予想される。

参考文献
1) 国連気候変動枠組条約第21回締約国会議（COP21）及び京都議定書第11回締約国会合（COP/MOP11）の結果
　http://www.env.go.jp/
2) 未利用熱エネルギーの革新的活用技術研究開発（NEDO）
　http://www.nedo.go.jp/activities/ZZJP_100097.html
3) 「熱電変換技術とその応用」―熱電発電モジュールによる排熱利用発電の装備品への応用―　和田英男　防衛技術ジャーナル　平成21年8月号．22-31．
4) 「熱電半導体とその応用」(1988) 日刊工業　上村欣一・西田勲夫．
5) 「変換効率11%の熱電変換モジュールを開発」
　http://www.aist.go.jp/aist_j/press_release/pr2015/pr20151126/pr20151126.html

技術者の散歩道
人類の夢、有人ソーラープレーンの系譜

中村　徹
本誌編集委員

太陽光発電技術の歴史

　雲の上を飛行する航空・宇宙機器は、昼間、いつも青空の下、広大な航空宇宙空間を、常に太陽の光を浴びながら飛行しています。

　太陽のエネルギーは、地球から約1億5,000万kmも離れた場所にある太陽から、太陽光として地球に到達するエネルギーで、ソーラーエネルギーやソーラーパワーとも呼ばれ、地球上の大気や水の流れ、温度などに影響を及ぼし、多くの再生可能エネルギーとして生物の生命活動の源となっています。また古くから照明や暖房、農業などでも利用されてきました。

　太陽光発電技術は、1839年、フランスの物理学者アレクサンドル・エドモン・ベクレ（Alexandre-Edmond Becquerel）によって発見された「光起電力効果（photovoltaic effect）に端を発しています。これは、電解液の中に浸した金属電極に光を当てると電流が発生するという現象です。

　1884年、アメリカの発明家チャールズ・フリッツ（Charles Fritts）が、半導体性のセレンと極めて薄い金の膜を接合した「セレン光電池」を発明してから発電が可能になりました。これにより得られた太陽光のエネルギーを電力に変換する変換効率は、わずか1％で、発電力としては実用レベルには程遠いものでしたが、この発明が太陽電池の初期モデルとなりました。後に「セレン光電池」として1960年代までカメラの露出計などに広く応用されていましたが、シリコン型の普及とともに市場から消えてしまいました。

　太陽光発電の歴史は、1954年、アメリカにおける太陽電池の発明に始まります。太陽光発電に利用される太陽電池は、ベル電話研究所でゲラルド・ピアソン（Gerald Pearson）、カルビン・フラー（Calvin Fuller）、ダリル・シャピン（Daryl Chapin）という3人の研究者（**写真**）によって、不純物が入ったシリコンに光を当てると電流が変化する現象「光伝導性」が発見さ

れました。ｐ型、ｎ型と呼ばれる半導体を繋ぎ合わせるとｐ型にはマイナス、ｎ型にはプラスの電子に近いものが発生することが分かりました。このことにより両者を接合する部分に電位差が生まれ、電子が一定方向に流れます。これがpn接合と呼ばれる発電の理論で、トランジスタの研究過程において副産物として発明されたのです。

この時に発明されたのは結晶シリコン太陽電池で、当時は、Bell Solar Batteryと呼ばれ、太陽光エネルギーの変換効率は６％くらいでした。太陽光で発電を行うための太陽電池を複数集め、何らかの枠や構造体に入れてパネル状にしたものをソーラーパネルといいます。ソーラーパネルは、パネルの構造によって、さまざまな波長の光で発電できますが、一般的には太陽光のあらゆる波長をカバーすることはできません。ソーラーパネルの出力は、光量、温度、負荷などによって常に変化しています。

1954年に初めて太陽電池が発明されたものの、当時は大変高価なものでした。そのため現在のように一般家庭で利用できるようなものではなく、特殊な用途に限定して利用されていました。その"特殊な用途"として代表的なものに、人工衛星への電力供給が挙げられます。実は世界で初めて太陽電池が実用化されたのが人工衛星だったのです。

1958年にアメリカ海軍が「ヴァンガード１号」という人工衛星を開発し、打上げに成功します。このヴァンガード１号は世界で４番目の人工衛星で、現在でも地球の軌道上にあることで有名です。もう一つ、歴史に名前を残すほどの特徴が太陽電池の搭載です。この時搭載された太陽電池は、100cm^{2}のソーラーパネルで0.1W程度の発電能力のものでした。電力を外部から供給することができない宇宙空間では、太陽電池が最も適した電力供給手段でした。そして、打上げから６年間にわたって人工衛星の機能を維持するための電力を発電し、供給し続けました。これが太陽電池初の実用化例で、1958年は太陽電池の実用化元年といわれています。

現在、太陽光発電の技術は飛躍的に向上し、周囲を取り巻く環境も大きく変化しました。太陽光は、もともと自然に存在するエネルギーで、環境負荷が極めて低く、原油高に象徴される資源の枯渇問題や化石燃料の消費による有害物質やCO_2の排出の問題を解決する可能性を持っています。そのため、太陽光発電は次世代エネルギーの最有力候補のひとつとして地球規模で期待されており、技術革新や普及が加速度的に進んでいます。なお現在では、太陽エネルギーの変換効率40％を超える化学物多接型太陽電池も開発されています。

ソーラープレーン

ソーラープレーン（Solar Plane）は、太陽光線を利用した航空機です。電動航空機の一種で、翼の上面などに装備されたソーラーパネルで発電し、モーターでプロペラを回転させることによって飛行するものです。太陽光という永続的に利用可能なエネルギー源によって飛行するため、昼間に発電した電力を蓄積しておき、夜間の動力として利用することができれば、ある意味、原子力と同じように半永久的に飛行し続けることができます。

世界初の有人ソーラープレーン「Gossamer Penguin」

ゴッサマー・ペンギン（Gossamer Penguin）は、Aero Viromment社のポール・マッククレディ（Paul MacCready）が設計・製作し、1980年５月、初飛行しました。

ポール・マッククレディは、1925年９月生まれで、第２次世界大戦中には海軍でパイロットの訓練を受け、1947年、エール大学で物理学の学士号、1948年、CALTECで物理学の修士号、1952年、航空工学の博士号を取得しています。1956年には米国人として初のグライダー世界チャンピオンにもなっています。Aero

ゴッサマー・ペンギン

Viromment 社は、1971年に彼が設立した会社です。

「Gossamer Penguin」は、1977年8月、180度の方向転換を含む規定の飛行に成功してクレーマー賞を受賞した世界初の人力飛行機 Gossamer Condor、1979年に2時間49分で35.8kmのドーバー海峡横断に成功した人力飛行機 Gossamer Albatoross の成功を踏まえて設計・製作されたもので、全長22m、全幅21.6m、翼面積28m^2、自重31kgで、動力は、AstroFlight 社が開発した Sunrise と同じ太陽電池パネル3,920個を装備し、AstroFlight 社の電動モーターを使用して1980年5月18日、最初の有人ソーラープレーンが初飛行しました。

ちなみに、最初のパイロットは、ポール・マッククレディ（Paul MacCready）の13歳の息子 Marshall で、体重36kgでした。1980年8月7日、NASAの Dryden Flight Research Center における公式の初飛行は、体重45kgの女性、Janis Brown でした。しかし、Gossamer Penguin は、パワフルで運動性能も良かったのですが、安全性には問題があったようです。

世界で初めて長距離飛行で航空史上に残る偉業を達成した有人ソーラープレーン「ソーラーチャレンジャー」（Solar Challenger）は Gossamer Penguin の改善型で、この機体も Paul MacCready の設計・製作によるもので、全長8.8m、全幅14.2m、自重90kg、動力は、16,128個で3,800Wの電力を発電できる Astro Flight 社製の太陽電池パネルと電動モーター2基を装備して、1980年11月6日に初飛行しました。主要性能は、G制限が＋6から－3Gで、航続時間は11時間、最大速度は64km/h、航続距離は645kmでした。

ソーラーチャレンジャー

1981年7月7日、Stephan Pitacek の操縦で、パリ近郊の Pontise-Cormeilles を離陸して英仏海峡を横断してロンドン近郊の Manston 英空軍基地まで、5時間23分かけて262.3kmを飛行し、世界で初めて航空史上に残る長距離飛行の偉業を達成しました。この機体は、スミソニアン航空宇宙博物館に展示されています。

世界で初めて米大陸横断飛行した有人ソーラープレーン「Sunseeker」（たんぽぽ号）

処女作の Sunseeker は、1989年に Solar Flight 社のエリック・レイモンド（Eric Raymond）が設計・製作し、グライダーとして初飛行、その後、主翼および尾翼にソーラーパネル、尾翼にプロペラを装備したモーターグライダーでした。

「Sunseeker」は、処女作の Sunseeker をベースにカリフォルニア州レークエルシノアで、機体のほとんどの部品を手作りで2年間かけて制作され、三洋電機製の最大出力300Wのアモルファスシリコン太陽電池を、翼や胴体の上約8m^{2}の面積に張り付けていました。機体の大きさは、全長7m、全幅17.5m、空虚重量90kgでした。

1990年7月16日、カリフォルニア州デザート

Sunseeker Ⅱ

Sunseeker Duo

センターの空港を、エリック・レイモンドが自ら操縦して出発、西海岸から途中20ヵ所を経由して9月3日、ライト兄弟が初めて動力付き飛行機での飛行に成功したノースカロライナ州キティーホークから15km北のゴルフ場の造成地に着陸、世界初の米大陸横断飛行に成功しました。累計飛行距離4,062km、飛行日数24日、現在のジェット機ならおおよそ5時間もかからないようなところを、約125時間かけて飛行しました。

エリック・レイモンドは、1956年10月生まれで、幼少のころから模型飛行機の設計製作に熱中、10歳代からグライダーの操縦を始め、1979年には全米ハンググライダーのチャンピオンになっています。カリフォルニア州立大学で航空工学を学び、Aero Vironment 社の Paul MacCready の下で人力飛行機、高高度無人ソーラープレーンの開発に従事し、1986年に Solar Flight 社を創設しました。

2002年、全長7m、全幅17m、空虚重量230kg、一人乗りで、主翼の大型化と電動モーターの出力向上を図った「Sunseeker Ⅱ」が完成、2009年4月14日、有人ソーラープレーンとして世界初のアルプス山脈越えを実現しました。

また2014年5月30日、Solar Flight 社は、世界で初の複座二人乗りの有人ソーラープレーン「Sunseeker Duo」の初飛行を、イタリアの Mailan 近くで成功させています。

「Sunseeker Duo」は、高アスペクトレシオの高翼、T尾翼、垂直尾翼の前縁に電動プロペラ、サイドバイサイドの座席を有し、全幅22m、空虚重量280kg、全備重量470kg、太陽エネルギーの変換効率23％のソーラーパネル1,510枚を主翼および水平尾翼に装備しています。

飛行性能としては、上昇限度12,000ft（約3,700m）の能力を有しています。また格納に際しては、主翼を折り畳むことができ、軽飛行機並みのスペースに収納可能です。

世界一周飛行に成功した有人ソーラープレーン「Solar Impulse」

Solar Impulse は、スイス連邦工科大学ローザンヌ校が推進した「有人ソーラープレーンによる世界一周」プロジェクトで、1999年に世界初の気球による無着陸地球一周を成功させたベルトラン・ピカール（Bertrand Piccard）がプロジェクトを主催、資金は、スイス連邦政府および民間企業が出資し、総事業費は＄170milionといわれています。このプロジェクトには、さまざまな専門家、協力者等約150名が参画し、欧州宇宙機関（Europian Space Agency）およびダッソー（Dassault）社が技術的支援をしました。ドイツ銀行、ソルベー、オメガ、シンドラー、ABB（Asea Brown Boveri）、クーグル、コベストロ（旧バイエルマテリアルサイエンス）、スイス再保険会社、スイスコムなどがパートナーでした。

ベルトラン・ピカールは、1958年生まれで、気球飛行家・深海探検家の祖父オーギュストと海洋探検家の父ジャックの背中を見て育ちまし

Solar Impulse I

た。ソーラー・インパルス社の会長、創始者、パイロット、そして精神科医の冒険家です。

プロジェクトは2003年にスタート、2006年まで実現可能性研究、長距離航行シミュレーションなどを実施し、2006年から最初の技術実証機「Solar Impulse I」の製作を開始し、2009年12月13日に初飛行しました。操縦士はMarkus Scherdelでした。「Solar Impulse I」は、全長21.9m、全幅63.4mでB-747-8の68.5mに匹敵する幅でした。翼下に四つのナセルを装備し、それぞれにリチウム・イオン電池、電動モーターおよび2枚羽のプロペラが装備されています。主翼と水平安定板の上面には11,628個の単結晶シリコン太陽電池が装備されています。乗員は1名で、コックピットは与圧されていませんでした。

2010年7月8日「Solar Impulse I」は、アンドレ・ボルシュベルグ（Ardre Borschberg）が操縦して、本格的な夜間有人飛行に成功しました。7日0615にスイスのバイエルヌの飛行場を離陸、日中に充電しながら高度約8,700mまで上昇、その後、約1,500mまで降下して水平飛行を続け、翌朝0900に着陸しました。電池の充電状態は良く、さらに48時間くらいの飛行も可能だったようです。

アンドレ・ボルシュベルグは、

1952年生まれ、ソーラー・インパルス社のCEO、共同創設者で、スイス連邦工科大学ローザンヌ校機械工学部ならびにマサチューセッツ工科大学の経営学科を卒業、スイス空軍のパイロットで、約20年間の戦闘機での飛行経験をもっていました。

2012年6月5日、スペインのマドリードを離陸、19時間かけてジブラルタル海峡を越え、モロッコのラバトサレ国際空港に着陸、飛行距離830kmの大陸間飛行に初めて成功しました。

2013年5月3日には、米国西海岸のMoffett Fieldを出発して、6月15日に東海岸のNew York Cityに到着し、北米大陸横断飛行を達成しています。

2011年から製作が開始された「Solar Impulse II」は、2014年6月2日、スイスのバイエルン空軍基地で初飛行、全長22.4m、翼幅72.3mでImpulse Iよりも大きく、太陽電池パネルも17,248個に増やされ、コックピットは非与圧で冷暖房もありませんでしたが、最新のアビオニクスが装備されていました。重量は、B-747の約333トンに比べ2.3トンしかありませんでし

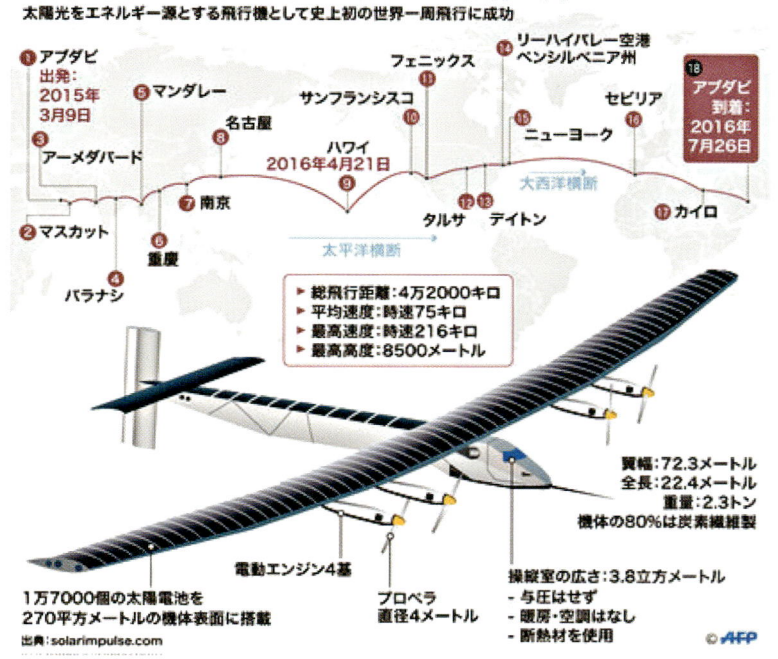

項　　目	Solar Impulse Ⅰ（HB-SIA）	Solar Impulse Ⅱ（HB-SIB）
全長（m）	21.9	22.4
全高（m）	6.4	（同左）
全幅（m）	63.4	72.3
ソーラーパネル数（個）	11,628	17,248
最大離陸重量（kg）	1,600	2,300
巡航速度（km/h）	70	90
巡航高度（ft）	27,900	（同左）
上昇限界（ft）	39,000	（同左）

た。機体の材料は、カーボンと軽金属で作られており、この重量は、トヨタの大型四輪駆動車「ランドクルーザー」よりも軽い重量でした。

コックピットは3.8m²で、とても狭く一人乗りのため、パイロットをいかに起きている状態に維持するかが、課題の一つでした。5日間、120時間の連続飛行に備え、パイロットの状態をモニターするための「目覚まし装置」が開発されました。この装置はパイロットの呼吸および心臓の鼓動、脳の機能をキャッチし、カメラが目と顎の筋肉の動きを捉え、警告を発する装置です。警報はこの装置に合わせて開発された軽くて消費電力が少ない超小型のコンピューターでさまざまなデータを複合して分析し、パイロットの顎の筋肉が緩み、心臓の鼓動がゆっくりしてきたらパイロットが眠り込もうとしている状態であると判断して警報を発する仕組みでした。パイロットは一人で24時間体制での飛行が連続するため、仮眠のために座席のシートにはリクライニング機能がついており、ベッドになるように設計されていました。

またトイレのスペースもないため、操縦席が同時に便座にもなるように設計されています。座席の中央の一部を取り外し、シートがトイレの便座に早変わりし、排泄物は、生分解性プラスチック袋に入り、海に投下されます。

2015年3月9日にアブダビ国際空港から世界一周飛行に出発、2016年7月26日、16ヵ月23日間、42,438km、558時間07分の世界一周飛行を達成しました。なお南京からハワイに向かう途中、気象条件の悪化に伴い名古屋空港に着陸しています。ちなみに、名古屋からハワイに向かう時にソーラー動力飛行における8,924km、117時間52分の最長飛行距離、最長時間に関する世界新記録を更新しています。操縦はピカールとパートナーのアンドレ・ボルシュベルグが交代で実施しました。

成層圏を目指す有人ソーラープレーン「SolarStratos」

「SolarStratos」は、スイスのSolarStratos社製で、Calin Gologanが設計、ドイツのPC-Aero社が設計製作を担当した機体で、スイスのエコ冒険家であるラファエル・ドムヤン（Raphael Domjan）によって公開された、太陽光だけをエネルギー源として成層圏に到達しようとする有人ソーラープレーンです。

SolarStratosは、全長8.5m、全幅24.8m、全

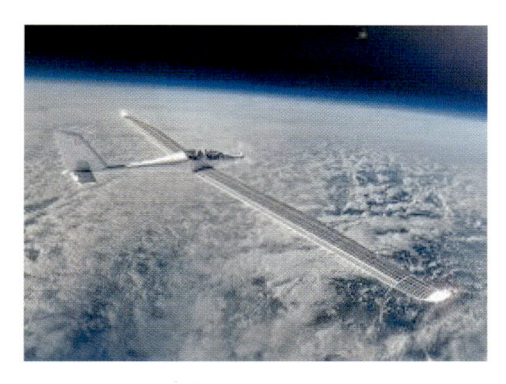

SolarStratos

備重量450kgの二人乗り、単発、3枚羽根（ブレード）プロペラで可変ピッチ付の機体で、主翼と水平尾翼の全面22m^{2}に太陽エネルギーの変換効率24％の太陽電池が貼ってあります。モーターのパワーは32kWでプロペラの大きさは2.2mです。20kWhのイリジウム－イオンバッテリーを充電しながらモーターを回します。もちろん、宇宙服のエネルギーも太陽光で賄うようにされています。上昇限度は82,000ft（25,000m）、24時間の飛行が可能です。

2017年5月5日、スイスのPayerneにおいて、7分間、高度300mで初飛行しています。今後、2017年に中高度の試験飛行を、2018年に成層圏の飛行が予定されています。成層圏への往復飛行は、上昇2時間、成層圏での滞空15分、降下3時間の約5～6時間が見込まれています。

まとめ

自然エネルギーのデメリットは、自然現象に左右されることですが、太陽エネルギーは、雲の上に上がれば地球の半分は常に太陽の恵みを平等に享受することができるエネルギー源です。今後、太陽エネルギーの活用技術がさらに発展して、地球に優しいエネルギーが増えることを期待しています。

エネルギーの問題は、人類にとっての永遠の課題です。これまで、エネルギーを巡る紛争もありました。太陽光発電技術の発見に端を発したエネルギー技術は、模型や人力飛行機などのビークルの技術と一体化して有人ソーラープレーンにまで発展してきました。そして、今では成層圏にまで行ける技術に発展しようとしています。

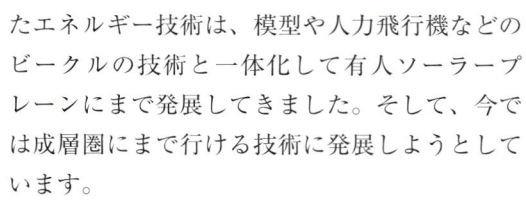

「ソーラー・インパルスⅡ」で世界一周飛行に成功したパイロットのアンドレ・ボルシュベルグは、13年間にわたるソーラー・インパルスのプロジェクトを振り返って「サスペンスだった」と表現しています。「あれほど準備をしたのに思いもよらない事態が起きる。だからいつも、何が起こるか分からない。最後まで到達できないのではないかというプレッシャーがあった」からだそうです。

もう一人のパイロット、ベルトラン・ピカールは「結局は、人生に対する態度の問題だ。誰もやったことがないことをやると決心したら、難しいことは覚悟しなくてはならない。しかし、成功したらその時の喜びは計りしれない。一方、誰かがすでにやったことをやるとしたら、リスクはより少ないことは当然だが、成功の喜びも多分少ないだろう」と言っています。また「専門家が、実現不可能とはっきり言ったことでも、実現できた。それは結局、テクノロジーの問題ではなく、考え方の問題だということだ。産業界（専門家）が不可能、と言ったのは、今の彼らが知っている技術で不可能だったのであって、テクノロジー的には、すべてのものが出揃っているのに、それを探し出すという発想がなかったからだ。その代りに、ダメだ、と言って人をがっかりさせる」とも言っています。

技術の進歩は、ひとつの夢からスタートし、プロジェクトに関与する人々の不撓不屈の精神と揺るぎなき決意の下、人・技術・資金が一体となって初めて玉成できるものです。研究開発の過程は、喜びと落胆の繰り返しで、決して楽しいことばかりではありませんが、プロジェクトが玉成したときには、計り知れない喜びが待っているのです。

世界の注目技術 FILE-10

IoT(モノのインターネット)技術を探る
〈前編〉

戸梶　功
(一財)　防衛技術協会　事業部長

1. 第4次産業革命の先端技術の相関関係

　安倍政権の内閣官房日本経済再生総合事務局が2017年6月にまとめた「未来投資戦略2017」[1])によると、アベノミクス成長戦略で今、求められているものは「第4次産業革命(IoT、ビッグデータ、AI、ロボット)の先端技術をあらゆる産業や社会生活で導入すること」であると述べられています。

　本誌の「世界の注目技術」シリーズでは、FILE-1で「サイバー技術」、FILE-2,3で「ロボット技術」、FILE-6,7で「ディープラーニング技術(AI技術)」、FILE-8,9で「ビッグデータ技術」について、世界の学術論文データを解析することで探ってきました。今回は第4次産業革命において、これらの技術とセットになっているIoT(Internet of Things:モノのインターネット)技術を探っていきます。

　まず、IoT技術がこれらの技術分野(Cyber, Robot, AI, Big Data)論文の世界とどのような関連付けになっているかを、年別論文数、国別論文数、助成機関の論文数という三つの分野から探っていきます。ただし、一般的なAI(人工知能)は研究対象とする技術分野が広範囲に存在するために、Deep Learning(DL)、Artificial Intelligence(AI)、Machine Learning(ML)、Neural Network(NN)という四つの検索キーワードで細分化して、それぞれの技術分野を見てみました。すなわち、このAIを細分化した4分野と先端技術分野であるCyber、Robot、Big Data、IoTの4分野とを合わせた8分野(以下「8技術分野」という)の検索キーワードで論文を検索しました。

　データ源として用いたのは、クラリベイト・アナリティックス社(旧トムソンロイター社)のWeb of Scienceという自然科学論文データベースで、2005年から現在まで1,900万件の論文が登録されている世界的にも権威のある情報ソースです。このデータベースから上記の八つのキーワードで検索した論文情報に基づいて得られた、年別、国別、助成機関別の論文数に基づいて相関解析をしました。

　抽出された論文はタイトル、抄録、著者が論文に登録したキーワードに検索キーワードが含まれている論文ということです。また国別論文とは、著者の研究機関が所属する国という意味で、諸外国の共同研究者がいる場合には、その著者の国に複数カウントされます。検索期間は、2005年から現時点(2017年10月)までで、すでに本誌で発表した技術分野は再度、現時点で再検索したデータを用いたので、検索期間は8技術分野すべて同じ条件となっています。

2. 8技術分野と年別論文数の相関関係

表1に8技術分野において2005年から発表された論文数を示します。IoTを含めた8技術分野の年別合計数は年々伸びている傾向にあることが分かります。データは2017年10月時点での集計であるため、2017年の年別論文数は通年に比べて少なくなっています。8技術分野別では、NN論文が最も多く発表されており、Robot、MLと続いています。この年別・技術分野別論文数データから技術分野と出版年での相関係数を計算したのが表2です。表2において、黒で塗りつぶして白抜き1の右上側は8技術分野間の相関係数を、左下側は出版年間の相関係数を示しています。青、緑、赤で塗りつぶしたセルは、それぞれ相関係数が0.85-0.9、0.9-0.95、0.95-1.0の範囲であること示しています。

まず、右上の三角形で技術分野間の相関特性を見ると、IoTはBig DataとDLとの相関が強くなっています。この3技術分野は他の技術分野に比べて、歴史が浅いという共通点を有しています。IoTを用いてデータを集積してBig Dataにし、それをDLで学習して分析する、

表1　8技術分野の年別論文数

出版年	IoT	BigData	DL	AI	ML	NN	Robot	Cyber	合計	Rank
2005	3	0	11	433	801	3,563	1,578	62	6,451	12
2006	8	3	11	495	976	4,044	1,808	65	7,410	10
2007	10	0	4	420	703	3,486	1,642	70	6,335	13
2008	7	10	16	438	887	3,799	1,909	64	7,130	11
2009	7	6	13	509	1,090	4,202	2,239	89	8,155	9
2010	12	5	17	488	1,207	3,985	2,520	120	8,354	8
2011	44	15	15	538	1,455	4,520	2,855	165	9,607	7
2012	66	68	24	579	1,628	4,813	3,368	231	10,777	6
2013	134	332	39	649	2,097	5,183	3,401	356	12,191	5
2014	247	840	71	739	2,502	5,629	3,635	413	14,076	4
2015	417	1,453	241	755	3,146	5,917	3,855	500	16,284	3
2016	839	2,241	564	863	4,068	6,771	4,249	716	20,311	1
2017	1,030	2,053	973	907	3,842	6,034	3,510	684	19,033	2
合計	2,824	7,026	1,999	7,813	24,402	61,946	36,569	3,535		
Rank	7	5	8	4	3	1	2	6		

DL：Deep Learning, AI：Artificial Intelligence, ML：Machine Learning, NN：Neural Network

表2　年別論文数による8技術分野と出版年の相関係数

	2006	2007	2008	2009	2010	2011	2012	2013	2014	2015	2016	2017	技術分野
2006	1		IoT	BigData	DL	AI	ML	NN	Robot	Cyber			
2007	0.999	1											
2008	0.998	0.999	1	0.969	0.971	0.920	0.936	0.848	0.699	0.937			IoT
2009	0.997	0.997	0.999	1	0.890	0.939	0.969	0.908	0.769	0.964			Big Data
2010	0.985	0.987	0.992	0.996	1	0.829	0.838	0.717	0.553	0.839			Deep Learning
2011	0.985	0.985	0.991	0.995	1.000	1	0.987	0.973	0.893	0.985			Artificial Intelligence
2012	0.974	0.976	0.983	0.989	0.998	0.998	1	0.976	0.893	0.996			Machine Learning
2013	0.976	0.975	0.983	0.988	0.996	0.997	0.997	1	0.951	0.969			Neural Newtwork
2014	0.970	0.967	0.975	0.981	0.987	0.989	0.988	0.997	1	0.889			Robot
2015	0.947	0.940	0.951	0.957	0.964	0.968	0.967	0.983	0.994	1			Cyber
2016	0.922	0.912	0.924	0.929	0.935	0.939	0.937	0.960	0.978	0.995	1		
2017	0.917	0.905	0.916	0.920	0.921	0.926	0.920	0.946	0.965	0.985	0.995	1	
出版年	2006	2007	2008	2009	2010	2011	2012	2013	2014	2015	2016	2017	

DL：Deep Learning, AI：Artificial Intelligence, ML：Machine Learning, NN：Neural Network

相関係数　0.85-0.9　0.9-0.95　0.95-1.0

というこれからの傾向が見て取れます。Big Dataはさらに ML と Cyber との相関係数が赤の0.95以上となっています。AI キーワード論文は ML、NN、Cyber と高い相関をももっています。一方、2012年頃に出現してきた DL はIoT とだけ赤の強い相関係数をもっており、残りの7技術分野との相関係数は0.85以下という比較的弱い関係です。また Robot も IoT と Big Data、DL と年別論文数の相関は低い傾向にあります。

次に、表2の左下三角形では、技術分野の年別論文数による出版年の相関を示しています。2006年以降の出版年の相関係数は赤の非常に高い相関係数を示しています。あえて言えば、2014年以前と2015年以降との関係が赤ではなく緑となっており、時代間の違いが見られます。この2014年以降は、IoT、Big Data、DL の論文数が大きく伸びてきた時代と重なっています。

3．8技術分野と国別論文数の相関係数

さらに、8技術分野を国別の論文数をまとめてみました。表3に IoT 論文数の上位12ヵ国における8技術分野の論文数を示します。

IoT 論文では、論文数トップの国は、アメリカではなく中国となっています。この2国が同じ関係にある、すなわち中国がアメリカを抜いてトップの論文数となっている技術分野は、DL と NN です。しかし、8技術分野の合計数では、アメリカが論文数トップを占めていることが分かります。この IoT 分野では、韓国や台湾の順位も8技術分野合計の順位より上位にランキングされており、これらアジア3ヵ国は IoT を重視していることが窺えます。ただし、同じアジアでも日本は逆の傾向を示し、IoT の論文数順位よりも8技術分野合計の順位の方が上位となっています。

表4の右上三角形では、12ヵ国の論文数による8分野間の相関係数を示します。国別論文数で見た場合、Big Data は ML と Cyber、DL は NN、ML は Cyber との間で赤の高い相関係数が得られています。しかし、年別論文数で見た場合と比べて、技術分野の間の相関は少ない傾向にあります。さらに、左下三角形では技術分野の論文数から見た場合の、各国間の相関係数を示します。技術分野の論文数による各国の相関関係は、出版年の相関に比べて、相関係数の分布にばらつきがあります。この高い相関係数を有する国の関係を見るために、赤で示した0.95以上の高相関を有する国同士をリンクさせ

表3　IoT 論文数上位12ヵ国における8技術分野の論文数

IoT-Rank	論文発表国	IoT	Big Data	DL	AI	ML	NN	Robot	Cyber	合計	Rank
1	中国	759	1,887	787	895	3,709	15,409	5,353	705	29,504	2
2	アメリカ	493	2,829	564	1,458	8,274	9,184	8,248	1,416	32,466	1
3	韓国	389	340	89	171	743	2,424	2,799	244	7,199	4
4	イギリス	206	580	145	623	2,153	2,918	1,863	194	8,682	3
5	スペイン	195	291	48	646	1,437	2,010	1,655	103	6,385	8
6	イタリア	187	274	42	350	1,034	2,107	2,170	152	6,316	9
7	台湾	150	155	25	293	544	3,373	1,014	117	5,671	10
8	日本	129	225	62	188	813	2,370	2,979	143	6,909	5
9	カナダ	117	329	115	338	1,280	2,445	1,706	211	6,541	7
10	インド	113	140	52	353	863	4,558	589	104	6,772	6
11	フランス	111	228	53	340	1,033	1,782	1,784	94	5,425	11
12	オーストラリア	105	414	129	281	980	1,781	751	157	4,598	12
	合計	2,954	7,692	2,111	5,936	22,863	50,361	30,911	3,640		
	Rank	7	4	8	5	3	1	2	6		

DL：Deep Learning, AI：Artificial Intelligence, ML：Machine Learning, NN：Neural Network
※複数の国の著者が共同発表者として登録されている論文があるため、年別論文の合計数より多くなる

表4　IoT論文数上位12ヵ国論文数による8技術分野と12ヵ国の相関係数

		中国	アメリカ	韓国	イギリス	スペイン	イタリア	台湾	日本	カナダ	インド	フランス	オーストラリア	技術分野
1	中国	1				IoT	BigData	DL	AI	ML	NN	Robot	Cyber	
2	アメリカ	0.783	1											
3	韓国	0.786	0.836	1	0.824	0.912	0.745	0.705	0.920	0.826	0.768			IoT
4	イギリス	0.874	0.971	0.806	1	0.914	0.921	0.970	0.834	0.934	0.983			Big Data
5	スペイン	0.833	0.962	0.868	0.979	1	0.800	0.804	0.954	0.830	0.843			Deep Learning
6	イタリア	0.826	0.922	0.977	0.906	0.953	1	0.948	0.772	0.873	0.900			Artificial Intelligence
7	台湾	0.993	0.732	0.767	0.841	0.810	0.802	1	0.722	0.925	0.975			Machine Learning
8	日本	0.759	0.852	0.995	0.813	0.881	0.982	0.738	1	0.781	0.763			Neural Newtwork
9	カナダ	0.921	0.950	0.905	0.974	0.973	0.963	0.897	0.905	1	0.940			Robot
10	インド	0.975	0.676	0.644	0.809	0.749	0.701	0.983	0.612	0.839	1			Cyber
11	フランス	0.824	0.948	0.954	0.934	0.974	0.996	0.797	0.964	0.973	0.705			
12	オーストラリア	0.953	0.899	0.751	0.966	0.913	0.841	0.927	0.742	0.953	0.921	0.864	1	
IoT Rank	論文発表国	中国	アメリカ	韓国	イギリス	スペイン	イタリア	台湾	日本	カナダ	インド	フランス	オーストラリア	

DL：Deep Learning, AI：Artificial Intelligence, ML：Machine Learning, NN：Neural Network

相関係数　0.85-0.9　0.9-0.95　0.95-1.0

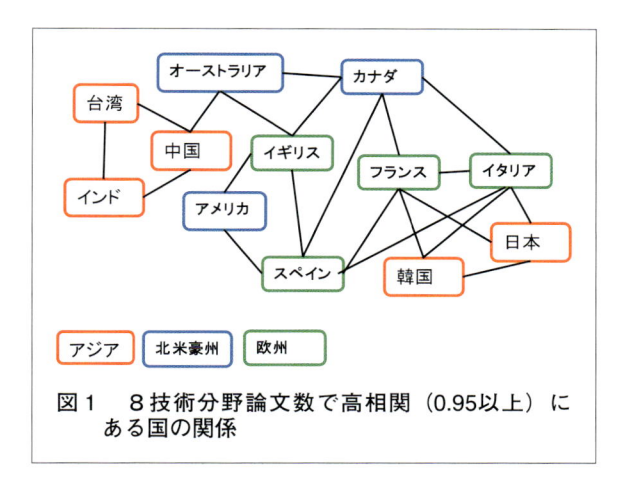

図1　8技術分野論文数で高相関（0.95以上）にある国の関係

可視化したものを図1に示します。各国の赤枠はアジア、青枠は北米豪州、緑枠は欧州を表しています。アジアでは中国、台湾、インドが独自のグループを形成しており、日本、韓国は少し関係が異なっているのが見えます。フランス、イタリアは日本、韓国との相関が強い傾向にあります。

4．8技術分野とIoT論文助成機関の相関係数

これまで、IoT論文の年別数、国別数から8技術分野の相関関係を探ってみました。もう一つ興味が湧くのは、どういった外部機関がIoT研究を助成しているかという情報です。そこで、IoT論文に研究費を助成している機関のうち、助成数の上位12機関を抽出し、それらの助成機関が8技術分野にどのように関係しているのかを探ります。

表5にIoT論文での助成数の上位12機関における8技術分野の助成数を示します。中国の4機関が733のIoT論文に、韓国の2機関が152論文に、欧州の2機関が82論文に、アメリカ、カナダ、スペイン、台湾の1機関がそれぞれ、72、26、34、35論文に研究費を助成していました。助成数から判断すると、中国が圧倒しています。さらに、IoTは助成機関の顔ぶれを他の技術分野と比較すると、特別な機関がランクインしていました。すなわち8技術分野の助成数合計のランキングが10位（韓国－2）、11位（台湾－1）、12位（韓国－1）の機関です。これは韓国と台湾の両政府が他の技術分野に比べてIoT研究により大きな期待を抱いていることを示しているといえるでしょう。

このIoT助成数で上位12機関の技術分野ごとの合計助成数を見ると、NNが1万件超えの断トツ1位、続いてRobotが6千件で2位、3位は3千件強のMLとなっています。驚くことに、中国－1のNational Natural Science Foundation of Chinaは8技術分野すべてで、助成数No.1の機関でした。中国の論文数が多い原因の一つがこの強力な助成機関の存在なのかもしれません。

表6にIoTの助成数から見た8技術分野と12助成機関の相関係数を示します。表6の右上

表5　IoT論文で上位12機関における8技術分野の助成数

IoT-Rank	助成機関	IoT	Big Data	DL	AI	ML	NN	Robot	Cyber	合計	Rnak
1	中国-1	543	994	514	360	1,975	6,987	2,812	379	14,564	1
2	中国-2	125	185	89	47	312	1,155	394	115	2,422	3
3	韓国-1	81	0	3	0	0	0	0	8	92	12
4	アメリカ-1	72	376	94	112	20	974	1,018	352	3,018	2
5	韓国-2	71	41	6	7	0	127	162	21	435	10
6	欧州-1	43	62	13	57	305	375	430	40	1,325	4
7	欧州-2	39	56	15	40	285	249	448	16	1,148	7
8	台湾-1	35	32	4	0	0	61	0	0	132	11
9	スペイン-1	34	28	4	58	120	47	161	11	463	9
10	中国-3	33	51	21	12	106	401	141	23	788	8
11	中国-4	32	67	76	29	149	644	132	29	1,158	6
12	カナダ-1	26	8	34	37	274	397	360	44	1,180	5
合計		1,134	1,900	873	759	3,546	11,417	6,058	1,038		
Rank		5	4	7	8	3	1	2	6		

DL：Deep Learning，AI：Artificial Intelligence，ML：Machine Learning，NN：Neural Network

1	中国-1	NATIONAL NATURAL SCIENCE FOUNDATION OF CHINA
2	中国-2	FUNDAMENTAL RESEARCH FUNDS FOR THE CENTRAL UNIVERSITIES CHINA
3	韓国-1	MSIP MINISTRY OF SCIENCE ICT AND FUTURE PLANNING KOREA
4	アメリカ-1	NATIONAL SCIENCE FOUNDATION NSF USA
5	韓国-2	NRF NATIONAL RESEARCH FOUNDATION OF MINISTRY OF EDUCATION KOREA
6	欧州-1	EU EUROPEAN UNION
7	欧州-2	EC EUROPEAN COMMISSION
8	台湾-1	MINISTRY OF SCIENCE AND TECHNOLOGY TAIWAN
9	スペイン-1	SPANISH GOVERNMENT
10	中国-3	CHINA POSTDOCTORAL SCIENCE FOUNDATION
11	中国-4	973 PROGRAM NATIONAL BASIC RESEARCH OF CHINA
12	カナダ-1	NSERC NATURAL SCIENCES AND ENGINEERING RESEARCH COUNCIL OF CANADA

表6　IoT助成数から見た8技術分野と12助成機関の相関係数

		中国-1	中国-2	韓国-1	アメリカ-1	韓国-2	欧州-1	欧州-2	台湾-1	スペイン-1	中国-3	中国-4	カナダ-1	技術分野
1	中国-1	1												
2	中国-2	0.995	1											
3	韓国-1	-0.266	-0.230	1	0.946	0.972	0.937	0.960	0.982	0.931	0.731			IoT
4	アメリカ-1	0.758	0.731	-0.323	1	0.972	0.974	0.899	0.968	0.981	0.899			Big Data
5	韓国-2	0.726	0.685	0.020	0.879	1	0.965	0.956	0.996	0.960	0.797			Deep Learning
6	欧州-1	0.782	0.730	-0.333	0.731	0.934	1	0.940	0.967	0.989	0.841			Artificial Intelligence
7	欧州-2	0.610	0.544	-0.307	0.666	0.928	0.967	1	0.972	0.928	0.643			Machine Learning
8	台湾-1	0.645	0.693	0.288	0.373	0.379	0.161	-0.020	1	0.962	0.774			Neural Newtwork
9	スペイン-1	0.285	0.205	-0.227	0.394	0.769	0.807	0.909	-0.297	1	0.873			Robot
10	中国-3	0.998	0.999	-0.238	0.738	0.704	0.755	0.574	0.673	0.244	1			Cyber
11	中国-4	0.976	0.986	-0.251	0.643	0.568	0.643	0.439	0.703	0.096	0.983	1		
12	カナダ-1	0.853	0.811	-0.335	0.727	0.890	0.982	0.912	0.223	0.704	0.831	0.746	1	
IoT Rank	助成機関	中国-1	中国-2	韓国-1	アメリカ-1	韓国-2	欧州-1	欧州-2	台湾-1	スペイン-1	中国-3	中国-4	カナダ-1	

DL：Deep Learning，AI：Artificial Intelligence，ML：Machine Learning，NN：Neural Network

相関係数　0.85-0.9　0.9-0.95　0.95-1.0

　三角形は助成数による8技術分野の相関を示します。一言でいうと、Cyberを除いた7技術分野はすべて高い相関を有していることが分かります。特に、NNはCyber以外の分野と赤の0.95以上の相関係数をもっています。Robotも同様な高相関な関係でした。一方、Cyberは助成機関から見ると異質の技術分野のように見えます。

　表6の左下三角形は8技術分野の助成数から見たIoTトップ12助成機関の相関係数を示します。8技術分野から見た年別相関および国別

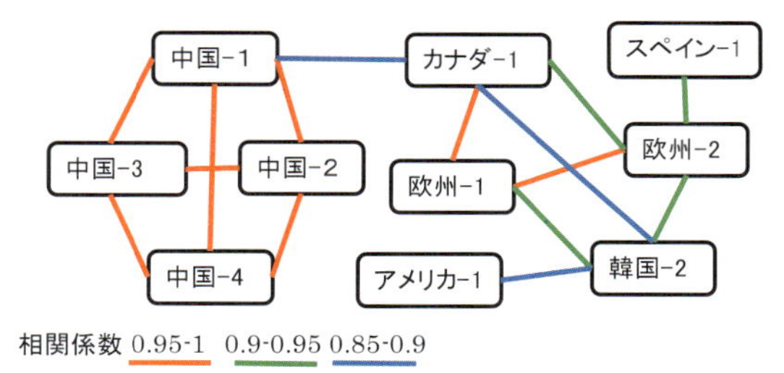

図2　8技術分野助成数による相関係数別での助成機関の関係

5．各国の8技術分野における論文の質的評価

本誌における「世界の注目技術」シリーズでは、Cyber、Robot、DL、Big Dataの4技術分野において、アメリカ、中国、日本、韓国、イギリス、フランス、ドイツ、ロシアの8ヵ国から発表された論文を探り、1論文当たりの参考文献数と被引用数の散布図（以下「評価散布図」という）を用いて各国の質的評価を実施してきました。この評価散布図の横軸は、論文に掲載されている参考文献の平均値で、論文著者が参考とした過去の論文数を示します。読者に対しては、論文著者がいくつの論文を評価したかという情報を与えてくれます。

一方、評価散布図の縦軸は、どれくらい多くの読者がこの論文を読んで参考となると評価したかを表しています。換言すれば、評価散布図の横軸は「論文著者が過去を評価したもの」で、縦軸は「論文著者が未来から評価されたもの」といえます。この「未来からの評価」はインパクトファクターとも呼ばれています。今回は、IoTを加えた5技術分野と上記の8ヵ国における論文の質的評価を、評価散布図を用いて探ってみたいと思います。

図3に5技術分野における評価散布図を示します。各プロットのアルファベットは8ヵ国の国名を示しています。図の左上に、5技術分野における8ヵ国の平均値を示します。インパクトファクターの平均値ではRobotが8、IoTが6、Big Dataが4、CyberとDeep Learningは2程度となっています。未来からの評価が最も高かったRobotは、欧米4ヵ国とアジア・ロシア4ヵ国の二つの群に分かれ、欧米4ヵ国群の評価が高くなっています。この傾向はDeep Learningにも表れています。またBig Data論文からは多くの過去の情報が得られることを示しています。

図4に8ヵ国別の評価散布図を示します。図3と同様に、左上には各国の5技術分野の平均

相関に比べて、助成機関同士の相関は低くなっています。特に、IoTで初めて登場した韓国-1の助成機関は、他の11助成機関との相関がほとんどありません。0.85以上の相関係数を有する助成機関の関係を可視化したものを図2に示します。助成機関同士を結びつけた赤、緑、青の線は相関係数で区別し、それぞれの0.95-1、0.9-0.95、0.85-0.9の相関関係を示しています。

中国から四つの助成機関が上位12機関にランクインされていますが、その4機関から8技術分野への助成数は高い相関をもっています。つまり、この4機関が8技術分野の論文に研究費を助成する意図は、非常に似通っていると考えられます。また欧州の2機関も0.95以上の相関係数をもち、中国と同様の一致した方向性の下で助成していると思われます。

ところが、韓国から多く助成していた2機関のうち、韓国-2は欧州との相関が高いけれども、韓国-1は他のどの助成機関とも相関は低く、韓国の2機関のそれぞれの助成目的は異なると感じられます。また韓国-1と同じく、台湾-1の機関も、他の機関との相関はほとんどありません。そして、韓国-1と台湾-1の相関も低いことから、この2機関の助成目的が一致しているとはいえません。表5で、この2機関が8技術分野に助成している論文数を見てみると、韓国-1の興味はIoTのみ、台湾-1はIoT、Big Data、NNということが読み取れます。

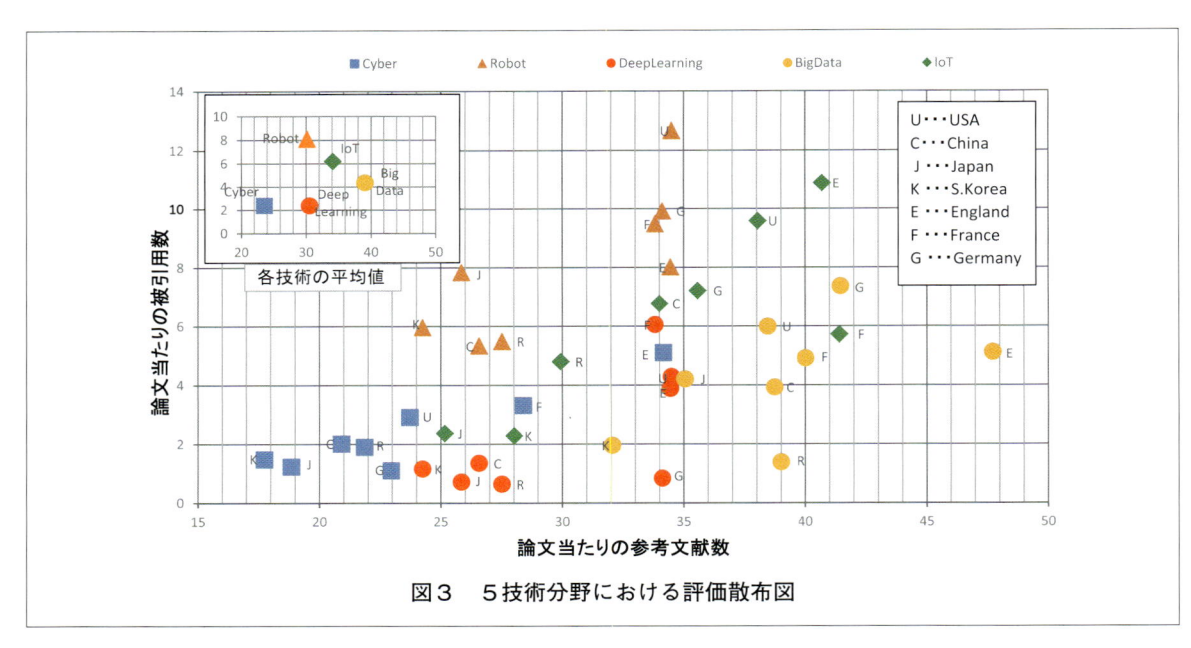

図3　5技術分野における評価散布図

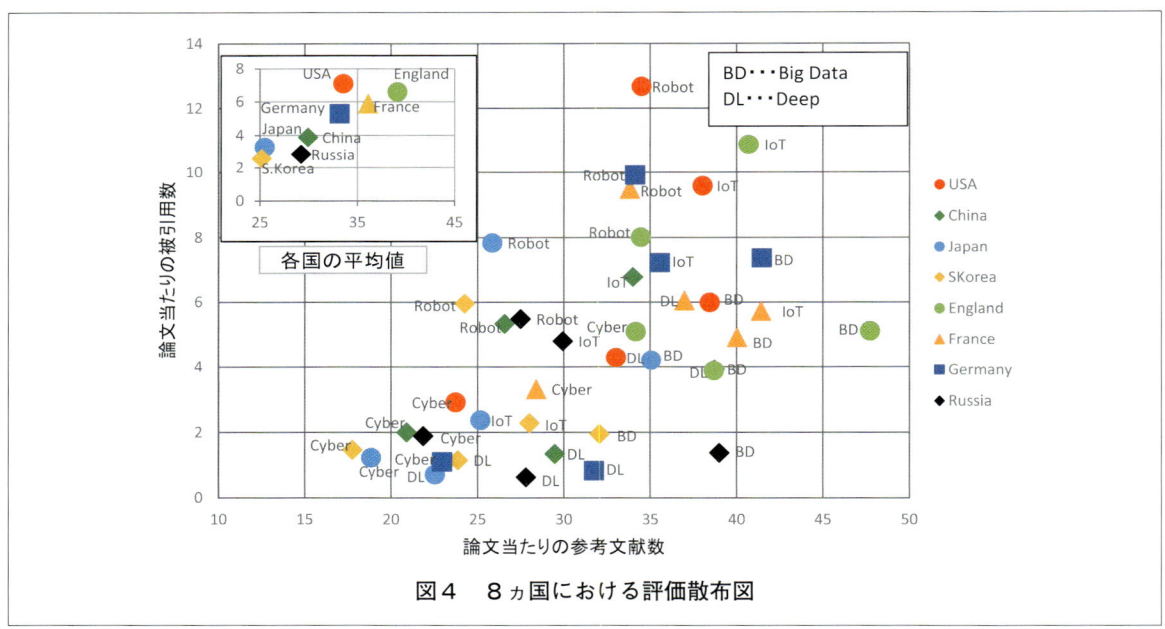

図4　8ヵ国における評価散布図

値を示します。この平均値を見ても、欧米4ヵ国の評価は、過去からも、未来からも高いものとなっています。各国のインパクトファクターでみると、欧米4ヵ国は、Robot、IoT、BDが高くなっています。フランスだけがDLがIoTとBDよりも評価されているという特徴が見られます。日本はRobotが強いけれど、CyberとDLは8ヵ国中最低レベルにとどまっていま す。論文数で多かった、中国はアジア・ロシア4ヵ国で上位に位置するものの、欧米4ヵ国に比べれば、低い評価になっているといえます。

1）http://www.kantei.go.jp/jp/singi/keizaisaisei/pdf/sankou_society5.pdf

装備・技術から人へ！

前田　丈典
防衛省海上幕僚監部
人事教育部　援護業務課長

　決して、海上自衛隊が装備・技術から人重視の施策に方針転換をしようとしているのではありませんので、くれぐれも誤解のないようにお願いいたします。

　私自身の経歴として、これまで海上幕僚監部技術部や装備部、技術研究本部などの勤務から、最近は自衛隊千葉地方協力本部や海上自衛隊第3術科学校、そして現配置の援護業務課と、装備・技術系から人事教育系へとすっかり転身してしまったということであり、この経験を通じて、優れた装備品の取得と同様に、それを使用する人に対する施策の重要性を今さらながら感じているところです。

　さて「防衛技術ジャーナル」への寄稿という折角の機会、この場をお借りして、自衛隊の援護業務についてご紹介させていただきます。

　皆様ご承知のとおり、わが国の防衛を主たる任務とする自衛隊は、部隊の精強性を維持する必要があることから、若年定年制および任期制という特別な任用制度を採用しています。このため、60歳定年制が取られている一般職公務員に比べ、若年定年制自衛官は50歳代半ば、任期制自衛官は20歳代で退職することとなり、退職後の生活基盤の確保などのために再就職が必要となります。

　多くのこのような自衛官を対象として、退職後の生活に憂えることなく在職中に安んじて勤務し得るようにすることにより、隊員の士気を高揚させ、精強な部隊の練成に資するとともに、隊員の募集の円滑化にも寄与することを目的として、再就職の支援が自衛隊の任務として付与されています。法的には、厚生労働大臣の許可を得た一般財団法人自衛隊援護協会が、退職自衛官に対する無料職業紹介を実施しており、当課をはじめとする陸海空自衛隊の援護機関では、自衛隊援護協会への求人・求職の取次ぎを行っています。

　海上自衛隊では、援護業務活動において「海上自衛隊のチカラ。それは紛れもなく

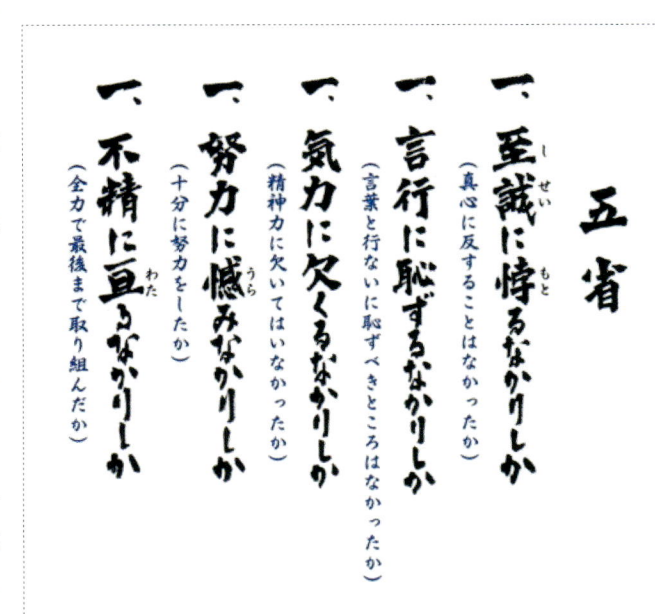

五省

一、至誠に悖るなかりしか
（真心に反することはなかったか）

一、言行に恥ずるなかりしか
（言葉と行ないに恥ずべきところはなかったか）

一、気力に欠くるなかりしか
（精神力に欠けてはいなかったか）

一、努力に憾みなかりしか
（十分に努力をしたか）

一、不精に亘るなかりしか
（全力で最後まで取り組んだか）

旧海軍兵学校の松下元校長が発案したといわれる「五省」

『人』そのもの」を退職自衛官の採用を薦める宣伝文句の一節として使用しています。

海軍兵学校から幹部候補生学校となった現在でも受け継がれる伝統の一つに「五省」があります。これは、生徒がその日の行いを反省するため自ら発していた五つの問いかけであり、この「五省」によって培われたセルフコントロール力が確かな人間力となって、退職後、社会という大海原に出ても、さまざまなチカラ（精神力、対応力、団結力、国際力）を磨き上げる礎になっていると考えています。

多くの企業の方から、自衛官の規律正しさや誠実さに好評をいただいておりますが、加えて、この自省精神「五省」に培われたチカラも退職した海上自衛官を高く評価いただいている要因の一つと自負しています。

在職時の職種・職域にかかわらず、さまざまな分野で活躍し、企業主の方から高い評価を受けている先輩方、さらには、地方自治体の防災や危機管理の分野などにも採用され、活躍している先輩方も多くいますので、もし退職予定自衛官の雇用をお考えであれば、お近くの援護業務課などにお気軽にご相談ください。

ところで、先日、ある部品製造会社を訪問する機会がありました。その際に説明をしていただいた担当の方から「部品としてより良い物にしたいと思って手を加えても、発注元で図面と異なると不良品扱いになってしまう」とのお話がありました。もしかしたら、私の聞き違い、勘違いであったかもしれませんが、一般的に考えれば、製品の品質向上に異を唱える人はいないはずです。もしそこで、担当者間の意思疎通が図られていたならば、全体としてより良い製品になっていたのではないかと思います。

何事も電子メールなどの活字でやり取りする時代、ややもすれば人間関係が上辺だけになり兼ねませんが"人から装備・技術へ！"すなわち人のかかわり方がモノづくりの本質に大きな影響を与えてしまう時代なのかなと感じるこの頃です。

蘇る翼 F-2B

小峯　隆生
ジャーナリスト

2011年4月11日、私は、週刊プレイボーイ軍事班記者として、大津波に襲われ、全機喪失した空自・松島基地にいた。

格納庫の中には大津波に翻弄され、命の無くなったF-2Bが並んでいた。

アフターバーナーの炎を噴出する、エンジンノズルからは乾いた泥に濡れた枯草がぶら下がっていた。

大学時代、航空技術者を目指し、東海大学工学部航空宇宙学科航空専攻をしていた私には悲しかった。

大学で、材料力学は、名機零戦を開発した堀越二郎氏と同期の駒林栄太郎先生に、機体設計は「我に追いつくグラマン無し」の名通信を発した海軍偵察機『彩雲』の翼を設計した内藤子生先生に学んだ。

太平洋戦争中の航空機設計の熱さを、1970

VOICE

F-2B戦闘機（出典：ウィキメディアコモンズ）

年代、まだ持ち続けていたお二人の先生の御指導は、熱かった。

その後、航空技術者になれるほど自分が優秀でないと知り、外資系コンピュータメーカーの営業に就職。そこから、新宿ゴールデン街のバーのバーテンになり、毎日、泥酔者を交番に引きずっていく仕事経由、集英社週刊プレイボーイのフリー編集者となった。

そんな私には、F-2Bの姿は痛々しかった。

しかし、翼は蘇った。

その過程を細かく追うノンフィクション取材の過程は、航空宇宙学の実践だった。

機体開発を担当し、機体修復を担当した三菱重工小牧南工場の日根野谷統括は「三菱重工の技術者は自分のやるべきことを一生懸命にやるだけで、それを自慢する事はないですね」と言われた。まさに零戦の堀越二郎氏の血統を継ぐ者のお言葉だ。

エンジン修復を担当したIHI瑞穂工場・東淳工場長は、松島基地を訪れ、蘇る翼F-2Bを見て「飛んでいる姿は見ていません（中略）地上滑走でわれわれが感動するのは、エンジンメーカーとしては、飛んで当り前だと思っているからです」と仰った。

これこそ、戦時中、極秘に開発された日本初のジェットエンジン、ネ20の開発を指揮した種子島時休海軍大佐の血統を見た。

そして、修復されたF-2Bを確実に整備して、離陸寸前まで、チェックにチェックを重ねる空自列線整備員たち。

そして、それを飛ばす空自のパイロットたち。

すべては、一つのチームとなって、日本の空を守る力となっている。どれひとつ欠けても、機能しない。

『蘇る翼』の主人公ともなった機体番号106のF-2B、通称マルロク。

そのコクピットに松島基地取材時に特別に乗せて頂いた。

俺は、誰にも聞こえることなく、そして、マルロクだけに聞こえるように呟いた。

「お帰り、マルロク　頼むぜ、日本の防空」

マルロクに聞こえたかどうかは分からない。

私の声なんぞ聞かずとも、今日もマルロクは未来の戦闘機搭乗員を育成するために、東北の空を飛んでいる。

（筆者顔写真撮影は柿谷哲也氏）

VOICE

DTJニュース

■防衛技術協会主催「国際装備品展示会説明会」を開催■

　防衛技術協会では、本年度から国際装備品展示会に関する事業を行っている。昨年6月のパリエアショー、9月にロンドンで開催されたDSEI 2017（Defense & Security Equipment International 2017）、11月にタイ、バンコクで開催されたD&S2017（Defense & Security 2017）において、企業等の出展支援業務を行うとともに、DESI 2017およびD&S 2017では、日本パビリオンを運営している。当協会では、わが国の企業が有する優れた技術を海外に発信、アピールし、ビジネスチャンスの構築に貢献するため、今後も国際装備品展示会における日本パビリオンの運営、出展支援業務等を推進することとしている。

　昨年の10月30日（月）にグランドヒル市ヶ谷で開催した「国際装備品展示会説明会」では、今後、開催される国際装備品展示会の概要を企業に説明し、日本パビリオンへの出展を検討してもらうための情報を提供した。当日は30社が参加した**（右上写真）**。

　今回、説明を行った国際装備品展示会の主なものは以下のとおりである。

⑴　**DSA 2018（Defence Services Asia 2018）**

　DSAは、2018年で30年目を迎え、長きにわたって開催されている、東南アジアで最大、世界的にもトップクラスに位置付けられる大規模国際展示会である。陸海空軍に加え、警察やセキュリティ分野においても注目される展示会であり、ASEAN各国から要人が多数来場するため、東南アジアへのアピールに最適な展示会といわれている。

開催地：マレーシア　クアラルンプール
開催日程：2018年4月16日（月）～19日（木）

⑵　**EUROSATORY（ユーロサトリ）**

　ユーロサトリは、1992年よりパリで2年毎に開催されている世界最大規模の陸上・航空防衛、セキュリティ分野の展示会である。来場者は業界関係者や政府機関、関連分野の専門家であり、また大企業のみならず中小企業の出展も目立つ展示会であり、新製品を披露する場として利用する出展者も多い。

開催地：フランス　パリ
開催日程：2018年6月11日（月）～15日（金）

DSEI 2017の日本パビリオン

DTJニュース

(3) INDO DEFENCE 2018（インドディフェンス）

　インドディフェンスは、インドネシア政府が主催となり、陸海空すべての分野を網羅している。警察機関、政府機関からの多数の要人が来場し、また東南アジアを中心としたさまざまな国から企業が集結する展示会である。なお2017年8月には防衛装備庁とインドネシア国防相主催の防衛産業フォーラムがジャカルタで開催されるなど、インドネシアでのビジネス展開が期待されている。

開催地：インドネシア　ジャカルタ
開催日程：2018年11月7日（水）～10日（土）

(4) IDEX 2019（International Defence Exhibition 2019）

　IDEX は、中東最大の陸・空分野の展示会であり、海上分野に特化したNAVDEX（Naval Defense and Maritime Security Exhibition）と併設して開催されている。幅広い分野を網羅した世界的にも有数の大規模展示会であり、中東はもとより、米国、欧州各国、中国、ロシアなども参加し、出展は1,000社を超える。

開催地：UAE　アブダビ
開催日程：2019年2月17日（日）～21日（木）

■展示会出展等に関する問い合せ■

　一般財団法人防衛技術協会
　TEL：03-5926-5810（展示会専用）
　Email：event@defense-tech.or.jp

　今後、当協会の国際装備品展示会活動に関しては、本誌上でその詳細について紹介するとともに、展示会の開催予定等の情報も提供する予定である。

EVENT

D & S 2017の日本パビリオン

D & S 2017の会場
（IMPACT Exhibition & Convention Centre）

DTF

63

本誌への広告を募集しています！

弊協会は、防衛技術に関する知識の普及・推進を図るため月刊誌「防衛技術ジャーナル」を刊行しており、おかげさまで読者各位にご好評を頂いております。
「防衛技術ジャーナル」への広告掲載につきまして、貴社の輝かしい成果のPRの場としてご活用いただければ幸いです。

- ●本誌発行日：毎月1日
- ●入稿の締切：掲載号の前月10日
- ●原稿媒体：電子データ（PDF、イラストレーター等）
- ●サイズ：B5判（全ページ、半ページ）
- ●広告掲載料：当協会HP、または下記へお問い合わせ下さい。

＜連絡先＞一般財団法人　防衛技術協会（広告係）
TEL 03-5941-7620／FAX 03-5941-7651

CONTENTS
DEFENSE TECHNOLOGY JOURNAL vol.38, No.1, January 2018

〈2018 NEWYEAR EXCELLENT TALK〉
　　Yoshiyuki Suzuki

〈TECHNICAL REVIWS〉
Stream Computing　　Noriaki Takenouchi

〈THREAT OF ELECTROMAGNETIC PULSE〉
Electromagnetic pulse by nuclear explosion (E1-HEMP)　　Hiroshi Yamane

〈PROMISING TECHNOLOGY〉
Future Vending machine SMARTVENDOR
　　Takaya Ibe

〈DEFENSE TECHNOLOGY ARCHIVE〉
A History of Refrigeneration and Air Conditioning in Warships　　Masanori Kando

〈STUDY NOTE〉
Study on thermoelectric conversion system by using waste heat　　Hideo Wada, Masahiro Haga

〈FUTURED TECHNOLOGY〉
Exploring the technology of IoT (Internet of Things) ①　　Isao Tokaji

〈TECHNICAL ESSAY〉
Genealogy of manned Solar plane
　　Toru Nakamura

〈KNOWLEDGE OF MILITARY SCIENCE〉
North Korean electromagnetic pulse attack and super EMP weapon
　　DTJ Editorial Department

〈ESSAY〉　　Takenori Maeda, Takao Komine

Published by

DEFENSE　TECHNOLOGY　FOUNDATION

3-23-14 Hongou, Bunkyo-ku, Tokyo JAPAN 〒113-0033
TEL. 03-5941-7620　FAX. 03-5941-7651